广东省本科高校动画、数字媒体专业教学指导委员会立项项目
高等学校动画与数字媒体专业“全媒体”创意创新规划教材

用户体验分析与实践

王朝光 宋琦 门艺丹 编著

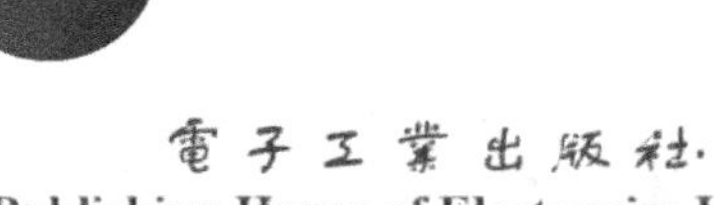

Publishing House of Electronics Industry
北京 • BEIJING

内容简介

本书系统介绍了用户体验分析的基本原理、基础知识和基本方法，包括用户体验的概念和构成、设计案例和用户体验的测量方法等；深入探讨了数字媒体环境下用户体验的要素和分析方法，并根据数字媒体产品的特点，以案例的方式对社交媒体、数字游戏、动画等领域的用户体验设计和分析等进行分析。本书还介绍了多种用户体验分析的方法，包括访谈法、观察法、问卷调查法、卡片分类法、实验法等。对每种方法，都会借助实例来讲解具体用法，并说明如何得出和呈现用户分析的数据结果。

本书可作为高等学校数字媒体、艺术设计等设计类专业用户体验分析课程的教材，也可作为其他相关专业学生和教师的课外辅导教材，还可作为对用户体验分析感兴趣的研究人员的参考书。

图书在版编目（CIP）数据

用户体验分析与实践 / 王朝光等编著. —北京：电子工业出版社，2021.12
ISBN 978-7-121-42330-7

Ⅰ.①用…　Ⅱ.①王…　Ⅲ.①人机界面－程序设计　Ⅳ.①TP311.1

中国版本图书馆 CIP 数据核字（2021）第 234781 号

责任编辑：张　鑫
印　　刷：北京虎彩文化传播有限公司
装　　订：北京虎彩文化传播有限公司
出版发行：电子工业出版社
　　　　　北京市海淀区万寿路 173 信箱　邮编：100036
开　　本：787×1 092　1/16　印张：15　字数：307 千字
版　　次：2021 年 12 月第 1 版
印　　次：2024 年 11 月第 4 次印刷
定　　价：52.00 元

凡所购买电子工业出版社图书有缺损问题，请向购买书店调换。若书店售缺，请与本社发行部联系，联系及邮购电话：（010）88254888，88258888。

质量投诉请发邮件至 zlts@phei.com.cn，盗版侵权举报请发邮件至 dbqq@phei.com.cn。

本书咨询联系方式：zhangxinbook@126.com。

前言
PREFACE

随着互联网和数字媒体在社会生活领域的发展，用户体验的地位和作用受到了人们的重视。用户体验分析是当下以用户为中心的产品与服务设计中的核心环节，特别是在移动互联网和人工智能时代，精准分析用户需求以快速推出产品和服务已经成为产业兴盛的关键。

数字媒体作为新兴专业必须紧跟产业需求，数字媒体专业学生应具备用户体验的观念，学习用户体验的原理知识，培养敏锐的用户体验意识，掌握必要的用户体验分析技能。作为设计者和开发者，深入了解用户体验分析的前沿方法和技术是至关重要的。

本书立足于数字媒体等设计类相关专业的独特需求，关注用户体验分析方法在数字产品设计和开发中的应用，包括社交媒体、数字游戏、动画等。目前部分用户体验书籍缺乏面向数字媒体专业的针对性，仍然集中在传统产品的设计和应用方面，如日常用品、网站和用户界面等。本书将帮助学生了解和掌握如何调整传统的用户体验分析技术，使其适合新兴的数字媒体产品和服务的需要。除介绍常用的传统用户体验分析方法外，本书还探讨了最新的用户研究技术及其应用，如眼动仪、皮肤电和脑电等。当前的用户体验分析大多采用自我报告法，如访谈法、问卷调查法和观察法等。最近十几年，随着大数据、人工智能和人机交互技术的发展，数据挖掘和生理物理测量方法也越来越多地被应用于用户体验分析。相比传统方法，它们可以更精确和客观地测量用户体验，包括那些用户自己没有觉察到的情绪和身体反应。本书综合了经典的用户研究方法和最新的用户体验测量技术，帮助学生应对时下多样化的用户体验分析需求。

本书的编写团队将学术训练和产业实践经验进行了良好结合，在数字媒体行业有多年的从业经历，对数字媒体产品的用户体验有丰富的第一手经验和深入的理解；同时，在动画、数字媒体方面有十几年的教学和科研经历，积累了丰富的经验和实践案例。

书中提供的真实研究视角和合适的工具，可以帮助学生尽快上手执行用户体验分析和报告研究成果；包含的大量实际经验和丰富的实用案例，可以帮助学生通过分析真实的目标用户来研究他们的实际需求和痛点，从而设计出用户真正需要的产品或服务。本书将培养学生在数字媒体用户体验方面分析问题和解决问题的能力，让他们更好地理解用户的想法和需求，以用户为中心创造出更吸引人的数字产品。

本书可作为高等学校数字媒体、艺术设计等设计类专业用户体验分析课程的教材，也可作为其他相关专业学生和教师的课外辅导教材，还可作为对用户体验分析感兴趣的研究人员的参考书。本书建议学时为32～48学时，除教师的课堂讲授外，还可以配合相关的实践活动和学生讨论。

本书第2、3、4、5、10、11、12章由王朝光编写，第1、7、8章由宋琦编写，第6、9章由门艺丹编写。我们非常感谢广东财经大学艺术与设计学院师生对编写工作的支持，特别感谢李婉仪在第1、7、8章的资料调研和整理过程中付出的努力。本书的编写得到广东省本科高校动画、数字媒体专业教学指导委员会的指导及电子工业出版社的大力扶持和帮助，在此一并深表谢意。电子工业出版社张鑫编辑做了大量审阅和修正工作，帮助本书顺利出版，对此表示诚挚的谢意。在编写过程中，我们参考和引用了国内外用户体验研究方面的资料和案例，在此向这些专家和学者表示感谢。

由于作者的知识与能力水平有限，书中难免有欠缺与不足之处，恳请读者和专家批评指正。

编　者

2021年7月

目录

CONTENTS

第 1 章 数字媒体与用户体验

本章主要介绍数字媒体与用户体验的发展特征及两者之间的关系融合，了解数字媒体和用户体验的发展及其在智能化时代的趋势。本章还介绍了数字媒体产业与体验经济，培养读者对相关概念的认知。

学习目标：

- 了解数字媒体的定义
- 理解用户体验的定义
- 掌握数字媒体产业与体验经济的关系

1.1 数字媒体

数字媒体是在数字传播技术的支持下，为达到所有人之间沟通信息的目的而创造出来的崭新的信息载体的总称。不同形态数字媒体的集合及由此引发的关联产业的集合体是数字媒体产业。

1.1.1 数字媒体产业的兴起

1. 数字媒体的定义

（1）新媒体的出现和特征

新媒体是在信息发出者和信息接收者之间构建的新的传播方式，是集信息生产、消费和交流于一体的内容生产再造与管理的创新交流平台。从狭义上理解，新媒体是指信息的表现形式或计算机对感觉媒体的编码。新媒体至今没有确切定义，国内外学者对新媒体的定义也不尽相同。1998 年，联合国新闻委员会首次提出“新媒体”的概念。埃弗里特·罗杰斯（Everett Rogers）在《新传播科技》中指出，新媒体是指“提供人们收集、处理与交换信息的硬件设备、组织机构和社会价值”。利·李尔若（Leah Lievrouw）和桑·利文斯通（Sonia Livingstone）指出，信息、传播科技和相应的社会环境包括：延伸传播能力的人造装置，研发和使用这些装置的传播行为与实践，制约这些装置和实践的社会措施。

清华大学熊澄宇指出，理解新媒体要重视两个概念：一是以前没有出现过的媒体，二是受数字信息技术影响而产生变化的媒体形态，信息、数字交互、宽频移动和人性是当前新媒体的重要特征。中国人民大学喻国明认为，由技术进步带来的数字化传播方式是新媒体最重要的特征。

（2）数字媒体的基础

数字媒体是当前数字信息化社会中的社交媒体、服务媒体、互动媒体、智能推送媒体和数字流行媒体的总称。数字媒体是当代信息社会媒体存在和传播的主要形式，是当代信息社会人的技术延伸。从广义上来看，数字媒体依赖于计算机的存储、处理和传播，即与信息的传输、呈现（显示）和存储（记忆）方式密切相关。

传统媒体时代的大众传播媒体单向、线性的传播特点决定了信息发布被控制和垄断，而交互性和社会性是现代数字媒体特征最集中的体现，因此数字媒体往往也称为交互媒体。数字媒体是把传统媒体用数字化的形式进行转换的新型媒体形式，利用统一数字和语言使创作媒体具有无限复制的特点，通过传播媒体的多样化表现实现数字媒体的多样化呈现，同时能够不受时间地点的限制对相关内容进行修改、模拟，因此数字媒体表现出数字化、多样化和高效率的特点。

数字媒体中的“数字”反映其科技基础，“媒体”强调传媒行业基础。数字媒体是以信息科学和数字技术为主导，以大众传播理论为依据，以现代艺术为指导，将信息传播技术应用到文化、艺术、商业、教育和管理领域的科学高度融合的综合交叉学科。以二进制计数的形式记录、处理、传播和获取过程的信息载体都属于数字媒体范围，包括数字化形式的感觉媒体、逻辑媒体和实物媒体，词云如图 1-1 所示。

数字媒体的精髓是“文化为体，科技为媒”，其与社会的方方面面密不可分，体现为外部系统和内部系统的相互结合，促成了数字媒体与社会政治、经济、文化、教育、艺术、伦理等领域的扩展，如图 1-2 所示。

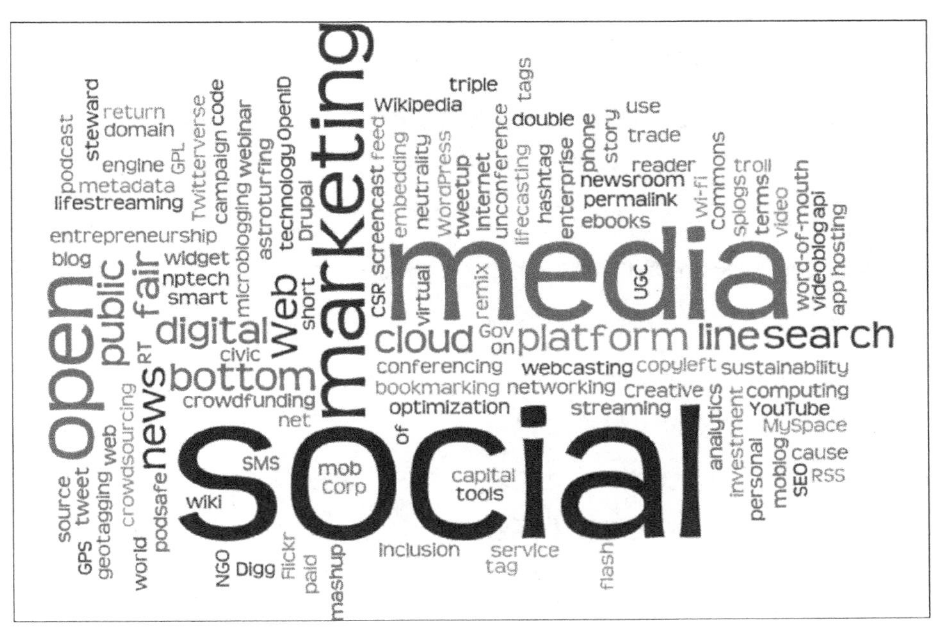

图 1-1　关于数字媒体的词云

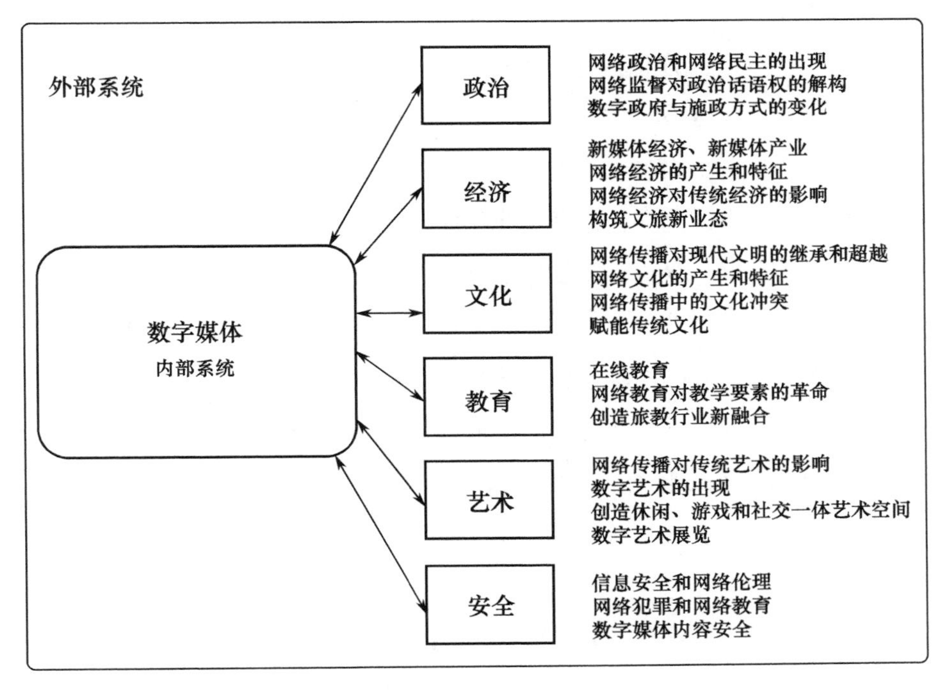

图 1-2　数字媒体内部系统

2. 数字媒体产业的发展

21世纪信息技术的高速发展进一步推动了高附加值、低消耗的数字媒体产业发展，帮助攻克了产业发展中的技术瓶颈。数字媒体产业链所涉及的技术包罗万象，通过数字化人机接口技术和交互性设施，以互动、真实、虚拟等多种方式让观众享受实景仿真、信息交流和时空转换的综合体验。数字媒体的发展在某种程度上体现出一个国家在信息服务、传统产业升级换代及前沿信息技术研究和集成创新方面的实力、产业水平。在全球化的信息时代，数字媒体产业是全球范围内迅速发展的主导产业之一，各个国家高度重视，均制定了相关政策。

早在“十五”期间，国家863计划就率先支持网络游戏引擎、协同式动画制作、三维运动捕捉、人机交互等关键技术研发及动漫网游公共服务平台的建设，并分别在北京、上海、湖南长沙和四川成都建设了四个数字媒体技术产业化基地，对产业积聚效应的形成和技术的发展起到重要的示范与引领作用。

在“十二五”文化建设规划中，国家强调要推动文化产业结构调整，大力发展文化创意、数字内容和动漫等重点文化产业，同时鼓励文化产业通过跨地域、跨行业创新融合发展，加快推进文化科技创新步伐，优化发展新时代的新兴文化产业。以北京市朝阳区“传媒走廊”区域为例，在“十二五”后期已聚集了重点基地50余家，文化类机构超过2.7万家，包括1000余家互联网新兴媒体的企业和近200家国际知名新闻机构。传媒走廊区域规模以上文化创意企业年内收入约1800亿元，成为文化创意产业发展的重要承载区，文化产业的集聚效应和功能辐射带动作用明显增强。

在“十三五”文化建设规划中，国家强调要加强思想阵地建设，优化媒体结构，推动数字媒体传播的规范性，通过数字媒体产业的持续发展带动传统文化的创新传承，推动中国优秀传统文化走向世界各地。同时，要发展并推广积极向上的网络文化，推动传统媒体和新兴媒体融合发展，加快媒体数字化建设并打造一批新型的主流媒体，创新对外传播和文化交流的路径。图1-3所示为广州市人工智能与数字经济试验区琶洲核心片区。

我国5G、工业互联网等新型基础设施建设全面铺开，城乡宽带接入水平持续提升，互联网应用不断丰富完善。2020年上半年，我国网络基础设施建设、网民规模、互联网普及率等仍创新高。中国互联网络信息中心（CNNIC）发布的第46

次《中国互联网络发展状况统计报告》称，截至2020年6月，我国网民规模为9.40亿，互联网普及率达67.0%；手机网民规模为9.32亿，网民中使用手机上网的比例为99.2%。

图 1-3　广州市人工智能与数字经济试验区琶洲核心片区（引自数字琶洲网站）

计算机和智能手机自出现以来，从数字化的角度延伸了人类的大脑，人们可以通过更智能的方式来认识和改造世界；而当下是信息化和智能化飞速发展的新时代，数字媒体产业已经渗透日常生活的各个方面，是全行业未来发展的重要驱动力和推动力。

1.1.2 数字媒体产业的影响和特征

数字媒体产业是科技、人文和艺术的有机结合，从以传播者为中心转向以用户为中心，形成集传播、信息、服务、娱乐、交流于一体的多媒体信息终端。数字媒体能够在大众传播的基础上实现更精准的传播，使传播对象进一步细化。同时，数字媒体产业的审美形式将会基于传统又赋予新变化，如传播形式个性化、体验过程交互式和交流方式自主性。

1．数字媒体产业的影响

（1）数字媒体对生产的影响

在生产方面，数字媒体产业充分发挥5G技术优势和内容资源优势，把握网络整合和资产重组的机遇，聚合产业生态，建设传播属性鲜明的新型融合媒体服务网。通过大力发展数字经济，打通国内大循环，以信息交流技术的流通来赋能整体产业链。

（2）数字媒体对生活的影响

在生活方面，数字媒体产业汇聚了人工智能、大数据和云计算等技术，从信息获取和体验交流等方面改变了人们的行为和生活方式，通过个性化参与、数字化运营和智能化评析来不断迭代服务，完善自身，将理论知识、发展成果通过数字媒体进行传播和有效普及，提高全民素养。

（3）数字媒体对娱乐的影响

在娱乐方面，数字媒体产业助力科技、文化和娱乐的大融合，结合智能技术和多媒体声光电技术，给观众带来强烈感官感受，留下震撼人心的精彩瞬间。以线上线下渠道的联动，吸引上下游产业链的关注，推动产业发展，齐聚创新，形成势不可挡的大趋势。图 1-4 所示为数字游戏产业 ChinaJoy2020 展会。

图 1-4 数字游戏产业 ChinaJoy2020 展会（引自腾讯新闻网站）

小例子

俄罗斯团队 Radugadesign：混合现实未来线上娱乐方式

新媒体艺术具有与时俱进的特性，常指利用现代科技和新媒体的形式进行创作，创作设计的领域有：沉浸式体验、互动设计、混合现实等。“The Stream Show”是俄罗斯团队 Radugadesign 打造的一种利用混合现实来探索未来线上娱乐、直播的新形式。它不同于传统的直播形式，演讲者和听众在网络上可以像在一个空间一样直接互动，带来了更加沉浸、多元的线上视听体验，如图 1-5 所示。

图 1-5　The Stream Show（引自 thestreamshow 网站）

2．数字媒体产业的特征

数字媒体产业能够把握科技创新和产业发展的新方向，将现代信息技术与文化创意产业深度融合，推动新一轮的产业革命。具体特征有如下几点。

（1）产业融合

通过产业融合，带来巨大发展潜力。新型数字媒体产业能够赋能现有产业，助力其在困境中化危为机，带来新的发展动力。

（2）交叉跨界

通过交叉跨界，催生多元化新业态。数字媒体产业的具体细分领域包括文学、影视、动漫、游戏、艺术和教育等，交叉跨界形成以互联网为基础的多元生态圈。

（3）破圈赋能

通过破圈赋能，带来创新创业机会。数字媒体产业具有延伸的破圈效应，多元化的新兴业态为有创意有想法的群体创造了更多机会。

小例子

纽约杜莎夫人蜡像馆的数字体验经济

杜莎夫人蜡像馆坐落于纽约市中心游客聚集地带，要在日均流量达到33万的游客中抓住潜在游客来参观蜡像馆。随着城市旅游业竞争的日益加重，为了提高游客的参与度，每天都在场馆外部创造独特的数字互动体验。例如，在纽约杜莎夫人蜡像馆的外墙上有一个13英尺×12英尺的大型屏幕，通过播放一些有趣视频来吸引过往游客的注意。此外，还推出了社交媒体活动（作为内容管理系统的一部分），鼓励游客上传自拍照片到社交媒体平台上，一些演员也被邀请来参与互动视频的拍摄。在繁忙的街道上，在短短几天时间内（利用晚上10点到早晨6点的时间段）就完成了屏幕的安装。最终，杜莎夫人蜡像馆完成了他们创造独特体验经济的非凡目标。把场馆内好看的、好玩的呈现在场馆外的屏幕上，对杜莎夫人蜡像馆品牌的提升有极大的帮助，并且为过往游客呈现了一种时尚、现代的感官体验，如图1-6所示。

图1-6　纽约杜莎夫人蜡像馆（引自杜莎夫人蜡像馆官网）

1.2　用户体验

1.2.1　用户体验的概念

1．用户体验的定义

"用户"是人，"体验"是一种个人化的主观感受。从字面上理解，用户体验是用户在使用产品时的感受。不同环节的用户体验的权重是不同的，核心环节的用户体验决定了产品综合用户体验。世间万物都有用户体验，用户体验可以通过两种方式理解：当"用户体验"是一个代词时，所表达的含义是用户在使用产品过程中建立起来的一种纯主观感受；当"用户体验"是一个名词时，所表达的含义就是能够影响用户主观感受的技能体系。而用户体验设计是心理学在设计技术层面的应用，它意味着对商业、人群和技术进行调研，思考三者之间的内循环需求，通过目标、远景、范畴、特性、设计准则对整个产品服务或某个工作流程制定衡量标准，也意味着测试、验证、谋划、协作等活动的集合达到良好的测试结果。

在众多定义中，用户体验被普遍认可的一个定义来自2010年ISO 9241-210提出的“人们对于使用或参与产品、服务或系统所产生的感知和回应”。用户体验是属于个人的体验，在用户体验中人能做的只是影响，且是有目的性的影响，即有目的地让人们感受、思考、行动。因此，设计师越了解用户的感受、思想和行为，能做出好设计的概率就越大。

“好用等于好的用户体验”是错误的理解，UX不能简单地理解为用户体验，而是指设计用户体验的过程。用户体验不再局限于“人-产品”的单一层面，更强调的是在人、产品与环境共同联通和循环的作用下，用户使用产品的情境分析。人指的是产品的使用者；产品指的是与人发生联系的物质属性和使用方式属性；环境是指影响人与产品使用的物理情境和虚拟情境。要让用户有愉快的体验过程，需要做到三点：第一，向用户提供合适的价值主张；第二，以用户为中心设计产品及服务流程；第三，提供适度先进的技术。

小例子

苹果零售体验店

体验式消费为何这么“火”？2001年5月，第一家苹果零售体验店在美国弗吉尼亚州一个高端购物中心开业。采用现代简约设计且位于闹市区的店面吸引了大批消费者前来体验，其周客流量达到5400人，而竞争者的周客流量仅为250人。2004年，苹果零售体验店的收入达到了12亿美元。如今，苹果零售体验店遍布全球，每次新产品发布，门前都是络绎不绝。在互联网快速发展的现代社会，线下的体验式营销为什么依旧能驱动消费呢？体验式消费受欢迎的根本原因是它能够让消费者对产品产生直观的认知和感受，同时让消费者在消费的过程中获得产品知识等附加价值。体验式的消费能够塑造和放大品牌的价值，在消费者心中建立一个印象深刻的品牌形象地位，拉近消费者与品牌之间的距离，进而使消费者产生强烈的信任感。

2. 用户体验的发展

用户体验的本质是用户需求得到满足，可用性是用户体验领域的基础。在1995年的CHI会议上，认知心理学家唐纳德•诺曼（Donald Norman）首次提出了“用户体验”

（User Experience，UX）的概念并解释“UX”这个术语的可用性太过于狭隘，无法代表人机交互的整体视角，用户体验的焦点转移到用户的情感和感觉上。同时，因为体验的过程过于复杂、微妙、主观和个性化，往往不能按计划行动，所以用户体验是不能被设计的。随着设计师的定义发生改变，“用户体验”的定义也有所变化。

用户体验在我国经过20年的发展，在经济、社会、设计领域有了相当成就。2017年7月，在北京举办的以“重新定义用户体验：文化·服务·价值”为主题的国际体验设计大会（IXDC），旨在引领企业和从业者从人文与科技并举，全方位、多元化的生态样貌角度出发，寻找各种复杂文化现象背后的普遍性，探索新的服务方式和体验价值准则；更好地运用跨领域思维，搭建商业、科技与设计的桥梁，推动企业将创新变成现实；协调多维度的体验价值与利益关系，结合产品创新、服务价值体系、全球性战略变化的设计产业，建立具有竞争力的体验生态与商业模式。

小例子

宜家：打造家居体验的“高手”

宜家（IKEA）是创建于1943年的瑞典家具零售品牌，宜家出售的不仅是家具产品，而且是一种“生活方式”。最初仅仅销售一些价格低廉的小商品，后来逐渐发展成为以家具经营为主的大型家具品牌。消费者可以在宜家体验到既实用又美观的家具解决方案、零距离接触宜家产品并能够免费参加家庭工作坊、家居讲座等会员活动，如图1-7所示。每个产品陈列都考虑产品所在区域的环境合适度问题，给消费者传达一种“家”的感觉。宜家是如何与消费者之间产生黏性的？背后是什么让消费者对它如此热衷？

图1-7　宜家的民主设计体验日现场（引自宜家家居网站）

正如英国BBC电视台在1998年的一个专题节目中所说的：宜家不仅仅是一个店，它不是在卖家具，它在为你搭起一个梦想。宜家的目标消费群体主要追求价格普遍偏低的产品，并依然能够拥有自身理想生活的状态。宜家向消费者传达了一种购买宜家的商品就相当于拥有一种自己对生活态度和品位的要求。宜家效应的本质是给用户制造“参与感”。简单来说，“宜家效应”的核心就是三大关键词：参与感、拥有感、存在感，进一步可解释为：提升用户参与感，营造用户对产品的拥有感，为用户刷足存在感。因为人物和故事都是真实存在于我们的生活中的，所以消费者也更容易产生情感共鸣。将消费者对家的美好构想，回归到现实层面，转化为消费行为，这样的营销不仅能触发消费，让品牌和消费者产生情感维系，还能通过这些活动了解新一代消费者的需求和理念，并将其融入未来的产品设计中。

1.2.2 用户体验的范畴

用户体验的范畴主要包括背景调查、用户特征、设计评估、竞争性分析、需求分析、参与型设计等。

1. 背景调查

（1）什么是背景调查

背景调查法是由Karen Holtzblatt开发的一种访谈方法，是收集产品反馈的有效方法。在调查过程中，要随着访谈内容的进展相应地增加或减少问题，在调查过程中尽最大努力获取并收集用户的真实经验和想法，减少用户加工后的信息回答。同时，在调查中应重点关注用户行为的变化及其原因，而不是仅关注用户的意见，因为用户的行为数据能够为设计师提供新的设计思路。值得注意的是，在用户背景调查的过程中，采访人员应该具备的沟通技巧有：首先，明确告诉用户“我想知道什么”并将话题带入主题；其次，对于用户叙述内容存在疑惑的必须进行二次询问；最后，把记录的内容或用户回答的要点复述出来，保证内容的准确性。

（2）背景调查的内容

① 用户感受到什么？设计师可以从用户的脸上和语言里真真切切地看到、听到这些感受，同时可以衡量这些感受并与用户产生共鸣。

② 用户想要什么？用户需求是指用户潜意识的内在原始动机，满足用户需求是产品的初衷。但是大部分用户不易表达自己的真实想法，因为他们可能根本不知道自己想要什么。把握好用户需求很重要，如果没有把握好用户需求，会导致产品的设计、

决策等方面出现偏差，增加产品的时间和经济成本。

③ 用户在思考什么？将“思考”视为用户携带的某种东西，在心理学领域称之为认知负荷。认知负荷的理论是20世纪70年代由澳大利亚心理学家 John Sweller 提出的，他认为感觉输入和短时记忆的容量都是有限的，并且如果个体直接或间接接收到的信息量多于容量，势必会给个体的认知系统带来负荷，即形成认知负荷。Daniel Kahneman和Amos Tversky的《思考快与慢》（*Thinking，Fast and Slow*）一书中描述了关于认知负荷的研究：“一般性的‘最小努力原则’不仅适用于认知能力发挥，还适用于体力发挥。”该原则表明如果有几种达到相同目标的方法，人们最终会被吸引到最不费神的那一个。因为人类处理数据的主存是有限的，大多数人只能在心理学家常说的工作记忆中保存平均7±2条信息，所以最大限度地降低用户认知负荷可以使得用户体验设计更加人性化和合理化。其中，易用性和交互性是用户体验的重要指标，因此产品的设计需要确保用户和产品之间的有效连接，了解用户的教育、经济、经历、经验等背景，不设置超出用户已知范围的难度操作，同时引导用户顺利完成操作，让用户在使用产品的过程中更加主动和直观地进行体验。

④ 用户相信什么？什么是信任感？调查从接触到认知，到取得信任，是一个双向的过程。在用户背景调查中，信任感的营造是十分重要的环节，往往只有用户被我们的价值所吸引才能信任我们，塑造的信任感从产品的角度来看就是“感性+理性”。信任感需要发自内心建立，信任是很微妙的东西，直觉是可以预测的，一旦了解用户就能预测用户的直觉反应。

⑤ 用户能记住什么？人无法对身边的所有事情都准确记录，大部分人只能记住特定的几部分，且随着时间的推移，记忆会发生改变。因此，设计中要确定哪些是能够让人记住的，哪些是容易使人忘记而需要强调的，哪些是可以忽略不计的。

⑥ 用户没有意识到什么？用户体验设计师还要预计用户永远不会注意到或不会反馈的部分。设计师要学会分析产品的使用环境和使用状况、产品与相关联系物体/环境之间的关系，以及使用动作行为所产生的状态。

经验

深入挖掘用户需求，明确产品的定位，才能确保产品做出来不偏方向且有价值。

2. 用户特征

（1）用户画像概述

用户画像的概念最早是艾伦·库伯（Alan Cooper）提出来。用户画像不仅能够联系用户与产品之间的诉求关系，还能充当研发团队沟通的有效工具，在产品的各阶段发挥着重要的作用。传统的用户画像构建前期需要通过市场调研、问卷调查、田野调查等方法收集大量的用户数据。但是由于数字化时代信息技术的迅速发展，庞大且杂乱的数据变化无法被实时监测并应用于高效的变化分析中，因此大数据用户画像能够辅助设计师或者企业细分消费者群体，挖掘目标用户的产品诉求，实施个性化的精准推送活动等。用户画像的出现可以帮助设计师有针对性地提取样本，找到用户的潜在需求，制定产品的设计风格、运营策略等。常见的用户画像包括用户的信息数据和行为数据，具体如表1-1所示。

表1-1　常见的用户画像

用户画像	
信息数据	行为数据
性别、年龄、身高、体重、星座、教育程度、子女、婚姻、家庭住址、公司地址	购物、消费、搜索、运动、投资、热点、喜好、旅游、信用

用户画像是根据用户的社会属性、生活习惯和消费行为等信息而抽象出的一个标签化用户模型，构建用户画像的核心工作是给用户“贴”标签，即对用户信息进行分析而得出的高度精练的特征标识。用户画像的核心是通过用户的基本信息对产品做出准确的决策，其中真正能够对产品的决策输出起决定作用的是用户行为背后的动机。例如，微信用户画像研究方法如图1-8所示。基于用户画像的应用有个性化推荐、广告系统、活动营销、内容推荐和兴趣爱好等。

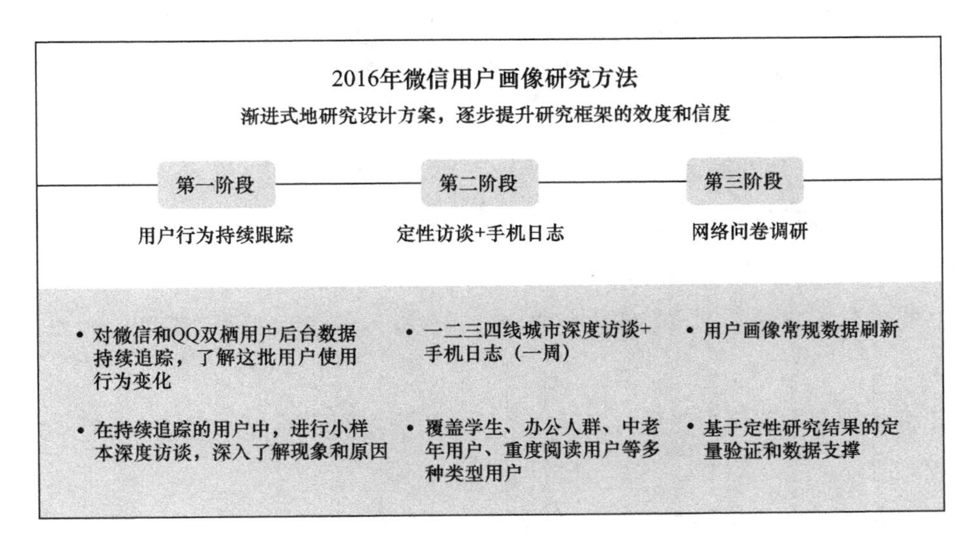

图1-8　微信用户画像研究方法

用户的想法和心理变化都是很复杂的，有时设计师必须忽略自己的个人心理感受，发自内心地问自己：

- 用户到你这里来的动机是什么？
- 这时他们有何感受？
- 用户要完成多少操作才能得到他们想要的东西？
- 如果他们一遍遍地重复这些操作会形成什么样的习惯？
- 你是否想当然地认为他们对未曾学习的东西有一定了解？
- 这样的事情他们是否愿意再做一次？为什么？如果愿意，频率如何？
- 你考虑的究竟是用户的需求还是你自己的？
- 如果有的用户表现很好，你要怎样奖励他们呢？

（2）用户画像的构建要素

用户数据、用户画像属性及用户画像维度是用户画像的三大构建要素。

① 用户数据：包括定量和定性的用户数据。定量用户数据主要来源于各个平台系统的用户基本信息数据，包括生日、性别、年龄、工作、居住城市、爱好等；定性用户数据是指用户对某产品或服务的评述、研究人员走访用户访谈数据等。

② 用户画像属性：分为静态画像属性和动态画像属性。静态画像属性是在短时期内保持不变的，主要指人口统计特征、空间和地理特征等，如年龄、居住城市、职业等；动态画像属性是指在短时期内容易发生变动的、易受到影响的因素，主要指行为特征、心理活动等，如消费行为、爱好、偏好等。

③ 用户画像维度：目前国内外专家学者尚未建立统一的用户画像维度标准。一般情况下用6个维度定义用户画像，包括用户自然要素、教育层次、社会关系、任职情况、社会地位、时间信息等。

（3）八步构造用户画像

① 根据角色对访谈对象分组：ToC的产品可以根据家庭角色、生活方式和使用习惯等进行划分，ToB的产品可以根据不同的工作角色等进行划分。

② 找出行为变量：重点寻找角色之间的行为变量，包括活动、态度、能力、动机和技能。

③ 将访谈主体和行为变量对应起来：区分用户之间不同行为变量的差异，并分出程度高低。

④ 找出重要的行为模型：如果一组用户会聚集在6～8个不同行为变量上，就可能代表一种显著的行为模型，此时要找到行为之间的逻辑或因果联系。例如，浏览商品频率比较高的用户，下单购买的频率也高。

⑤ 综合各种特征，阐明目标：将典型用户的特征和行为综合起来，形成对他们“日常生活”的描述，即用户画像的主要内容。

⑥ 检查完整性和冗余：检查建立的每个用户画像，描述是否充分对应研究结果，是否足够使用。如果有两类以上的用户画像只有几个变量有区别，就应该合并。

⑦ 指定用户画像类型：将已建立的用户画像进行优先级排序，并按指定类型分类。用户画像的类型分为主要用户画像、次要用户画像、补充用户画像、客户用户画像、接受服务的用户画像和负面人物画像6种。

⑧ 进一步描述特性和行为：用自己的语言将用户调研数据串联起来，形成一个完整的描述，并加上具有代表性的照片，每个用户画像最终的呈现应该是1～2页PPT。

技巧

可以给用户画像的人物起一个名字，但名字多半都是虚构的，且要求简短和容易记忆。

3. 设计评估

评估性研究用来测试现有解决方案能否满足用户需求，这种类型的研究始终贯穿产品整个生命周期。常用的设计评估方法有专家评估、可用性测试、Log分析和通过眼动仪来追踪视线以发现用户的关注点等。掌握其中一两种评估方法即可，再按照这些原则检查设计方案，看看是否有违反这些原则的设计漏洞。下面主要从视觉系统、认知与记忆系统、操作系统三大维度来评估产品的实用性。

（1）视觉系统

视觉作为产品最基础的层面，即常说的表现层，是一个产品的基础设计。

① 布局和设计。

- 主要操作或者阅读区域视线是否流畅？除要注意重心的平衡和信息的对比外，还要考虑视觉流程，因为人的视野有限，无法一眼看完所有信息。根据文字的基本阅读原则，在横向编排的版面中视线大多倾向于按照从左到右、从左上角到右下角的规律移动；在竖向编排的版面中视线大多倾向于按照从上到下、从右上角到左下角的规律移动。
- 文字大小、颜色、形状是否合理和容易识别？在同框的物体中，人第一眼看到的是面积最大的物体，其次是第二大物体，视线会按照从大到小的规律移动。视线习惯于向相同颜色的元素方向移动，而且暖色比冷色更容易吸引视线，纯度高的比纯度低的更能吸引人们关注。

② 内容的可读性。

- 语言是否通俗易懂、简洁？如果传达的内容主次不分、信息混乱无序，就失去了视觉传达的意义，同时还要考虑图像中元素的视觉感受和文字的阅读逻辑。
- 重要内容是否强调或者突出？必须将有效的信息进行有效的组织，按一定的逻辑编排，使用户在短时间内自然流畅地阅读。
- 是否及时为用户提供必要的信息？将视线锁定在必要的信息上，从吸引用户视线到引导用户阅读视线，让用户看到设计师想要传达的内容。

（2）认知与记忆系统

能够正确引导用户使用产品，降低用户的学习成本，减少用户记忆负担，提升产品体验的有效性。

① 行为和互动。

- 流程是否有引导性？线条具有引导用户视线和增强元素间关联的特性，横线有从左到右的方向感；竖线有从上到下的方向感；斜线具有不稳定的动感。将不同的元素用线条连接，可使其被认为是一个整体。
- 用户是否被告知需要多少时间完成？在限定的时间内完成任务是检测信息传递效果的标准之一。

② 记忆模块。

- 是否具有提醒的作用？提供记忆存储的功能，能够识别用户当前的选择与记忆模块的区别，避免重复或错误的操作输入，减少用户的记忆负担。

（3）操作系统

用户能够顺畅地使用产品执行并完成某项任务，找到最短路径和最佳体验方式。将没有作用的信息和操作去除，可以使用户视线聚焦于重要的信息，减少不必要的分散注意力。

4. 竞争性分析

（1）什么是竞争性分析

竞争性分析是设计过程中必不可少的一部分，可以帮助设计师制定有效的针对性产品策略。具体来说，竞争性分析可以帮助企业：评估产品或服务在市场上的位置；发现和填补市场空白；确定自身产品的优势与劣势；为后续的迭代设计提供市场数据支持。值得注意的是，竞争性分析应持续紧跟项目的更新和迭代过程，使用不同的框架研究竞争对手的情况。

（2）竞争性分析的步骤

竞争对手形式呈现多样化的特点，“竞争性分析”强调和关注的是人们如何使用和看待产品与服务之间的延伸，即关注人与产品之间的关系。可以通过产业分析、白皮书、用户论坛、淘宝及各大电商评价、微博等寻找用户的真实评价来提取功能列表和属性列表，详细且简洁地呈现与竞争对手在不同维度的差异。对产品用户体验的竞争性分析，首先要定义自身产品的目标，其次制定直接和间接竞品清单，然后创建竞品功能的比较列表，确定竞品之间的差异，最后总结并提交结果。竞争性分析的详细步骤如表 1-2 所示。

表 1-2　竞争性分析的详细步骤

1. 识别竞争	2. 维度定义	3. 相互比较	4. 总结与建议
• 搜索找出竞争对手名单 • 排序、分类 • 概括（产品描述、受众范围）	• 确定竞争性分析的范围 • 找到横向和纵向确定维度（从用户视角出发）	• 各竞品功能的比较	• 揭示竞品的根本优势和劣势（为用户提供的优势和给用户造成的阻碍） • 何处提供了一致、强烈的体验，体验的特点是什么 • 企业的核心能力组合、常见弱点组合
研究方法：使用性测试、访谈、焦点小组、问卷调查			

5. 需求分析

（1）什么是需求分析

用户需求包括功能需求、情感需求、观感需求等。挖掘用户需求是循序渐进的，不是一次性的，要进行螺旋式的迭代。在掌握第一手资料后，不要立即下结论，而是将现象、困难、问题进行挖掘，找到原因和症结，有时真正的问题会隐藏在表象的背后或者以不同的方式表现出来。有时用户在别人指出真问题后不一定认可，这还需要一定的沟通技巧。

（2）需求分析的过程

需求分析的过程可用一个流程化的思维处理，如依照沟通、整理、理解、确认四个步骤，可以避免盲目抓瞎式的需求挖掘。沟通核心在于明确找到问题的背景、问题产生的原因及通过研究验证挖掘的内容。此时可以采用金字塔原理，即产品战略→开发方向→实现方向→实现手段，自顶层向下逐层深入。在沟通的整个过程中要观点明确、寻求反馈且多次沟通。

在整理过程中要概括内容要点、目的及现有资源；在理解阶段可以通过提问的方式保证对需求目的理解到位。问题包括：

① 产品的出发点是什么？为什么要关注这些点？

② 针对性地做了哪些修改和设计？

③ 需要解决的问题是什么？预期结果是什么？

④ 相关的问题有哪些？

⑤ 基于现有资源是否有更好的关注点和解决方案？

在确认阶段常用的三种方式是口头确认、聊天信息确认、邮箱确认。

（3）需求分析的意义

前期做好需求的挖掘能够确认需求真实存在，找到用户最关注的需求，缩小了设计师实际要考虑的范围，让设计师对用户需求的认知由粗到细、由浅入深。逐步地展开调研，通过反复确认用户的需求，尽力挖掘背后的本质，降低信息的偏差，确保需求的真实性和准确性，始终围绕用户的痛点问题寻找解决方案。

小例子

社交应用鼻祖Facebook的用户需求分析和崛起

Facebook是由马克•扎克伯格（Mark Zuckerberg）创办的一个社交网络服务网站，于2004年2月4日上线。截至2010年7月，Facebook拥有超过5亿活跃用户，同时Facebook是美国排名第一的照片分享站点。Facebook的崛起正是因为它率先发掘出了网络用户强烈的社交需求。当然，仅仅抓住用户心理只是一个开始，从Twitter到Instagram，只有产品本身具备新鲜、有趣、有用、好玩儿等特点，才得以有效地保持高强度的用户黏性，促使用户与用户之间互动、分享，同时获得大量UGC内容。与其他网络相比，Facebook是如何取得领先性成功的？应该先从Web 2.0技术说起。

Web 2.0比Web 1.0更占优势，主要是因为Web 1.0的主要特点在于用户通过浏览器搜索内容，门户网站仅为用户提供信息，用户在这个过程中被动接收浏览信息。而Web 2.0则更注重用户的交互，用户既是内容的浏览者，也是内容的制造者。在模式上由单纯的“读”转向“写”与“共同建设”发展；由被动地接收互联网信息向主动创造互联网信息发展，从而更加人性化。Facebook正是使用Web 2.0最成功的应用之一。Facebook用户可以创建个人专页，添加其他用户为朋友并交换信息，包括自动更新时的通知。此外，用户可以加入组群，如工作场所、学校或学院等。

Facebook的特色在于墙、礼物、状态、活动、市场和开放平台等人性化功能建设。墙是用户档案页上的留言板，用户可以了解朋友近期的动态；用户可以互送“礼物”，虽然只是一个小图标，但能表达对朋友的关心和关爱，这正是当时吸引用户的地方。状态功能在于朋友之间了解对方正在进行的状态，如对方在哪里？做什么事情？Facebook的活动功能帮助用户通知朋友将要发生的活动，帮助用户组织线下的社交活动；所有Facebook用户都可以使用市场功能免费发布广告，包括卖二手货、租房、招聘等。2007年5月，Facebook推出Facebook开放平台（Facebook Platform），即把自己的API（应用编程接口）向第三方开发者开放，允许第三方开发者将开发的产品应用到Facebook平台推广，这个功能极大地增强了Facebook的扩展能力。

6. 参与型设计

（1）什么是参与型设计

参与型设计强调多学科的跨领域的实践学习，学习新技术、新技能，从新的角度和视野看待问题。因为一旦设计师把自己局限在一个固有的框架中，就会缺乏再造能力。设计师要创造新事物甚至新职业，这是设计师的使命。在交流讨论的过程中，设计师可以交换想法，当用户成为主要参与成员时，可以扮演一个帮助的角色，重要的是最后能够产生真实有效的结果。参与型的设计师不仅能立即产生符合效果的方案，还能得到具体特定的方案、策略，同时构建一个具有更多创新的智慧库，能够在团队决策、沟通、规划和解决问题的过程中发挥重要作用。

（2）参与型设计的过程

参与型设计的过程和传统设计的过程的最大不同在于，参与者被鼓励像一个创造者一样最大限度地参与活动或者会议中。在这个过程中，成员们从不同的角度思考问题后得到很多不同的观点、新鲜的想法和创意。各种信息的交互是群体智慧的主要成因，个体信息的交互可以有效地利用个体的工作成果，形成“协作”的关系。设计师需要有灵活包容的态度，承担一个引导者的角色，为用户解答疑惑，帮助用户实现心中的作品，引导团队成员有一个积极的讨论态度，汇集大众智慧。因此，创造一个开放、包容的环境很重要，在这个环境中每个人都可以畅所欲言而不被批评和笑话，让所有参与者都能够享受讨论的过程。这种参与型的信息交互对群体智慧的影响有两个方面：一方面可以通过互补来提高决策的质量；另一方面可能会被影响力大的个体误导，即存在大众跟从的趋势。

1.3 数字媒体产业与体验经济

近年来，行业各界致力于打造“传媒数字化、服务智慧化”的全新产业模式，持续构建高品质数字传媒生态，以推动数字媒体产业与体验经济深度融合。数字媒体产业提供传统媒体无法比拟的多维度感官体验，设计师可以通过视觉、听觉、嗅觉、触觉等多种方式创造出沉浸式的互动作品。

1.3.1 体验经济

1. 体验和体验经济的定义

“体验”的概念来自心理学。在心理学中，“体验”是主体在直接参与或经历某种场景、事件的过程中所产生的内在反应。事实上，“体验”一词的实际应用已经远远超越了心理学的范畴。在《英语图解大辞典》中，“Experience”是指个人印象深刻或个人产生深刻影响的互动事件或过程。在《牛津英文字典》中，“Experience”是指从看、做或感觉事情中获得知识或技能。在《新编实用汉语字典》中，“体验”是指通过实践认识周围的事物，亲身经历或亲身感受。

体验经济（Experience Economy）这一说法最早出现于美国未来学者Toffler于1970年撰写的《未来的冲击》一书中。Toffler认为，经济发展在经历了农业经济、服务经济等浪潮后，体验经济将是最新的浪潮，而我们从正在满足物质需要的经济迅速过渡到创造一种与满足心理需求相联系的经济。这是一个最好的时代，也是一个最坏的时代。美国学者约瑟夫・派恩二世和詹姆斯・吉尔摩于1988年在《哈佛商业评论》中写道：欢迎来到体验经济时代！

2. 体验经济的特征

Pine与Gilmore在*Welcome to the Experience Economy*中提出，体验经济是继农业经济、工业经济、服务经济之后的第四代经济形态。体验经济是一种全新的经济发展形式，具有开放性和互动性的特征。在体验经济时代，企业通过提供商品、服务或其他因素，为消费者创造出值得回忆的感受和独特体验，使消费者愿意参与体验活动或服务过程，并为之支付费用。江林等（2007）从消费者需求层次的角度比较了产品经济时代、服务经济时代与体验经济时代的不同，这个呈现金字塔形状的层次，与马斯洛需求层次理论有相似之处，即从满足底层的生存需要到顶层的自我实现过程的趋势发展。在体验经济时代，企业主要提供的不仅仅是商品或服务，而是让消费者能够在消费的过程中留下印象深刻且难忘的愉悦记忆，如图 1-9 所示。

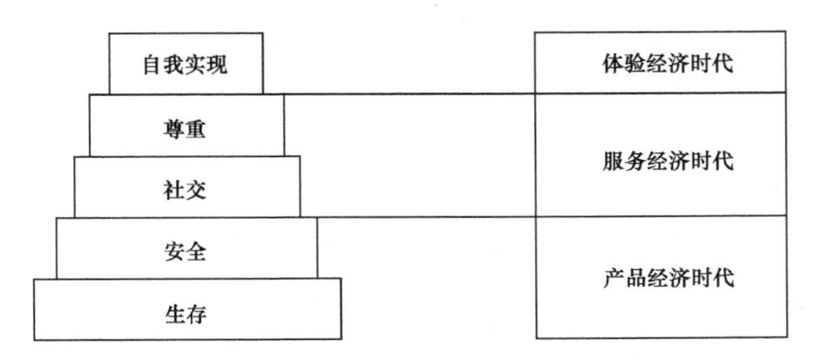

图 1-9　需求层次与经济时代的对应关系

3. 体验经济的生产要素

农业经济、工业经济以土地、劳动和资本作为关键生产要素，而数字经济和体验经济以数据作为关键生产要素。服务经济和体验经济的区别在于服务经济的特征是由品牌为用户节省的时间来衡量的，而体验经济的特征则是由用户度过的快乐时光来衡量的，如图 1-10 和表 1-3 所示。从年轻一代的消费趋势可以看到物质消费转变为“体验”消费，原因在于“体验”消费能够让消费者感受到更强的互通性和真实性，并创造出一种归属感。

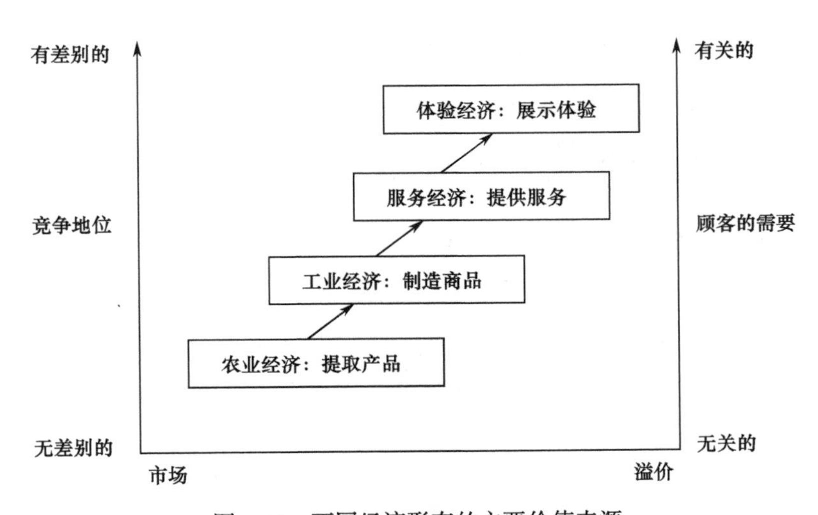

图 1-10　不同经济形态的主要价值来源

表 1-3　各种经济状态下生产行为与消费行为的演变

经济形态	生产行为	消费行为
农业形态	原料生产	自给自足
工业形态	商业制造	强调功能性与效率
服务形态	强调分工及产品功能	以服务为导向
体验形态	提高服务水平为首要目标，以商品为道具，取悦消费者	追求感性与情境的塑造，注重与商品的互动，创造值得消费者回忆的活动

小例子

Adobe掀起“体验经济”浪潮

Adobe Summit是Adobe公司每年最重要的活动之一，也是世界上享有盛名的数字营销峰会。会上展出和发布Adobe公司最新的技术突破和产品更新，邀请各行业领导者分享案例，并与世界各地专家一同商讨未来发展的课题。2016年，Adobe Summit上首次提出“体验经济”的概念，后通过不断探索，2017年整合发布了体验云，2018年号召企业向体验制造者转型。

2018年展示新一代的Adobe云平台（Adobe Cloud Platform）由Adobe Sensei先进的人工智能和机器学习框架提供支持、整合内容和数据的深层跨云端架构。Adobe Summit不断优化用户体验，为用户节省时间以提高工作效率。据Adobe Sensei负责人Scott Prevost介绍，Sensei是利用人工智能和机器学习的框架，为Adobe所有产品提供智能特性支持，显著改善数字体验设计和传播的一种技术。Sensei并不是一个单独的团队，而是每个产品团队中都有Sensei的人员一起协作，利用累积多年的不同产品数据和经验，从创意智能、体验智能和内容智能三方面优化设计师、营销官和分析师工作的每个具体环节。

1.3.2 用户需求驱动的设计

产品的功能包括物质功能和精神功能两种，好的设计能够在物质功能和精神功能的关系中找到一个平衡点，分类如图1-11所示。

那么，产品好，在功能齐全的情况下为什么还需要产品用户体验呢？做好用户体验的目的是什么？用户体验是为用户着想，解决用户的问题，让用户在使用过程中更顺畅愉悦的前提。用户体验的核心目的是为了拉新和留存。拉新即利用口碑传播，好的用户体验可以减少拉新成本。产品拥有良好的用户体验，能获得更好的口碑和知名度，为产品用户数量增长提供坚强的后盾。同时，可以提高产品的用户留存率，减少新用户的流失率。

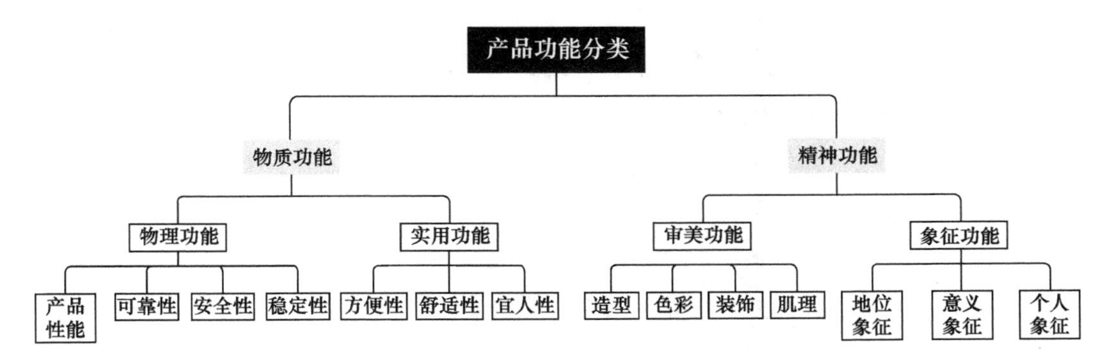

图 1-11　产品功能分类

对同一种类型的产品，如果产品的用户体验好，留存率可以达到60%以上，但是如果体验不好，留存率可能只有10%以下。用户高留存率是产品能健康发展的基础，高留存率背后的核心指标之一就是用户体验，用户体验好，则留存率高；反之，留存率低，产品无竞争力。因此产品的目标在很大程度上决定了用户体验的重要性，从用户需求出发，通过服务创新或者改进设计，使得服务更有用、可用，更符合用户的需求甚至超过用户的预期，最终提升用户体验。

在设计领域中强调以用户为中心设计和思考，近几年以用户为中心的概念逐渐受到重视，用户研究往往是由团队里的三方角色（设计研究人员、技术人员和市场开发人员）共同进行的，即用户研究更适合从产品的全局思考，从技术、商业的角度做平衡，把握用户体验，不断研究问题来发现其局限和约束，用户的需求就是设计师的需求，找到相关的利益相关者，从而产生独特的创意。

深入的研究、坚实的理论及全面的数据最具有说服力，需要进行深入的调查，深刻理解用户、问题和目标，并向利益相关者解释他们的困惑，与利益相关者达成共识。这个过程中，设计师是需求的挖掘者和发现者，而不是创造者。产品决策阶段要综合内外资源，需要考虑的因素如表1-4所示。

表 1-4　产品决策阶段的考虑因素

考虑范畴	含　义
用户范围	明确有多少用户愿意使用这个产品，并对用户群体进行划分
使用频率	根据用户使用频率的高低，了解用户的偏好和需求
使用场景	塑造舒适的氛围以消除用户的紧张感，优化场景空间以增加用户的黏性
可支配的资源	项目资金是否充足，是否拥有可支配技术等

通常情况下，设计师向用户提问，在一个设定的场景中用户会做出反应。刚开始的回答通常是“我不知道”，然而过了几分钟，用户将会描述他想要的。用户会说谎，

但不代表用户想骗你，而是他们对自己并非全面了解。用户在使用产品时并不了解产品升级后会发生什么，很难描述清楚自己的真实需求，也不知道如何解决问题，甚至不知道有问题需要解决。因此，在生活中，设计师在设计过程中需要从整体思考，谨慎地看待用户的意见，仔细感受用户所表达的内容，细心地观察用户操作的行为、神态，找到引发问题的真实原因。

总体来说，在产品决策时，要了解用户需求，但要了解的是需求本质的动机而不是需求本身。值得注意的是，不要从战略出发做决策，而要从思考具体需求出发考虑问题。

1.3.3 用户体验助力公司成长

用户体验设计的工作涵盖方方面面，用户体验设计师在不同的公司中可能会有不同的岗位名称，有的称之为产品设计师或交互设计师。在这个同质性产品繁多的时代，用户体验是公司注重的一个重要方面，需要有一个职位来确保用户体验是最佳的。那么，什么样的用户体验才是“好”的用户体验？产品和用户体验之间到底是怎样的联系？5G和云计算时代对“用户体验”有什么不一样的赋能？

用户体验设计师在大体量公司和初创公司中职责不同。在如IBM、Google、Facebook、阿里巴巴、百度等大体量公司中分工明确，会有一个设计团队。用户体验设计师会做整个产品流程中偏向UX Vision的工作，如头脑风暴、研究UI的逻辑关系、画线框图、测试等，而不太会做用户研究和视觉设计工作。

用户体验的过程从一些研究性的工作开始。当设计师有一个新的想法或发布一个新产品时，要先做市场调研，了解竞争对手有哪些、有没有足够的市场空间和足够的用户、自己产品针对的用户是什么群体、与其他竞争对手有什么不一样等。也可以观察用户在用类似的产品时的行为、他们的痛点，并思考自己产品如何更好地解决这些痛点。用户体验设计师应对产品有全局的把握，同时需要在短时间内创造出不同版本的设计，并不断做用户测试，验证是否能满足用户需求、可用性好不好、用户能不能找到想要的功能，这个过程要不断地迭代改进。

小例子

腾讯线上融合线下，从体验走到商业

腾讯是一家特别关注用户体验的公司，这跟公司的成长基因有很大关系。对用户体验的极致关注，也影响了用户研究这个岗位的发展。腾讯在2005年开始设立用户研究岗位，在用户研究岗位的工作领域上不断探索，如图1-12所示。

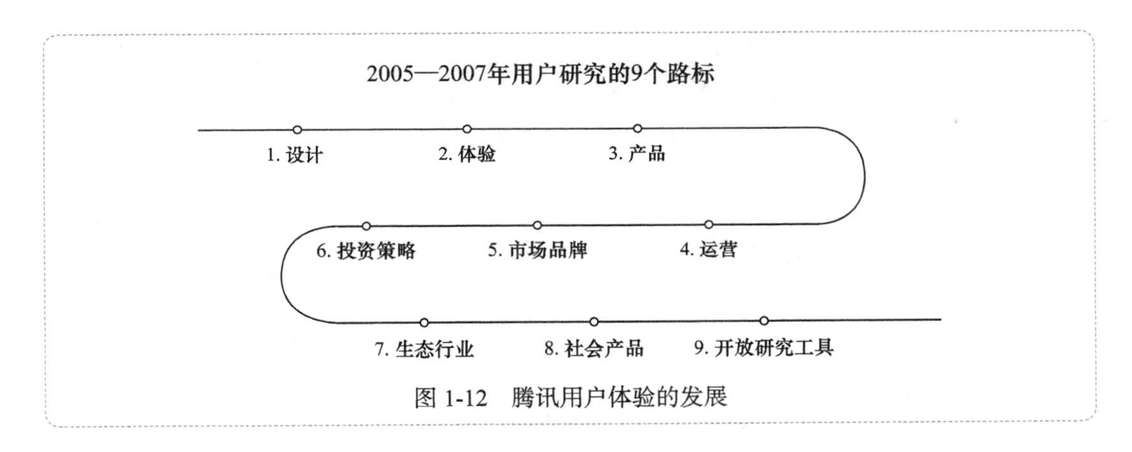

图 1-12　腾讯用户体验的发展

腾讯通过设计提升用户的使用体验，自2005年开始通过可用性测试的方法创造测试场景，通过多个不同方案的测试对比选择最佳的方案。一开始以考评体验设计质量为主，后来加入了量化的评估方法，经过10年的方法提升，再加上有工具和平台的帮助，现在能自动和轻量级地完成产品的年度体验。用户体验团队自2008年开始，通过每年的QQ用户画像和微信用户画像项目，了解腾讯用户的变化趋势，解答微信、QQ等团队的产品问题，并帮助他们根据用户的变化制订年度商业计划。腾讯每年都优化用户画像的研究方法，如在2016年的微信画像项目中，采用渐进式的研究设计方案，通过后台对用户行为的持续跟踪，寻找真实用户进行定性深度访谈和手机日志的记录，再通过网络问卷调研，准确、有效地描绘出目前微信用户的群体特征。历年的画像研究也印证了张小龙对微信这个产品的期望：从交友平台、沟通平台到信息知识获取平台，再到工具化的发展平台。

1.4　习题

5G是全球都非常重视的科技变革，它将在整个数字化社会中扮演基础设施的角色。在你看来，5G可能在哪些行业先落地，对数字媒体产业会有什么影响？

知识要点提示：

- 如何定义5G时代；
- 5G如何改变社会；
- 5G技术与数字媒体的关系；
- 5G技术的用户体验；
- 5G技术分析及趋势预测。

第 2 章 用户体验理论和分析方法

本章介绍用户体验的常见理论，包括需求层次理论、心流理论和设计的三个层次；列出了用户体验的几个常见模型和构成要素；介绍了用户体验分析中所用的定性和定量研究，以及它们的发展趋势。

学习目标：

- 了解用户体验的常见理论
- 理解用户体验的模型和因素
- 了解定性和定量研究方法

2.1 用户体验理论

用户体验设计和分析的理论框架主要来自心理学中对人类需求和动机的研究，包括需求层次理论、心流理论和设计的三个层次。

2.1.1 需求层次理论

1. 需求层次理论的定义

马斯洛需求层次理论（Maslow’s hierarchy of needs）最早由美国心理学家马斯洛（Maslow）在1943年的论文《人类动机理论》中提出，随后他在1954年的《动机与人格》一书中又进行了完整的描述。需求层次理论是解释人的动机和需求的重要理论，各种不同层次和发展顺序的需求组成了驱动个体行为的动机。

马斯洛指出，人类的需求是以层次出现的，由低层次需求开始，逐步向上发展到高层次需求。从低到高，马斯洛划分了人类需求的5个层次，分别是：生理的需求、安全的需求、归属与爱的需求、尊严的需求和自我实现的需求，如图2-1所示。

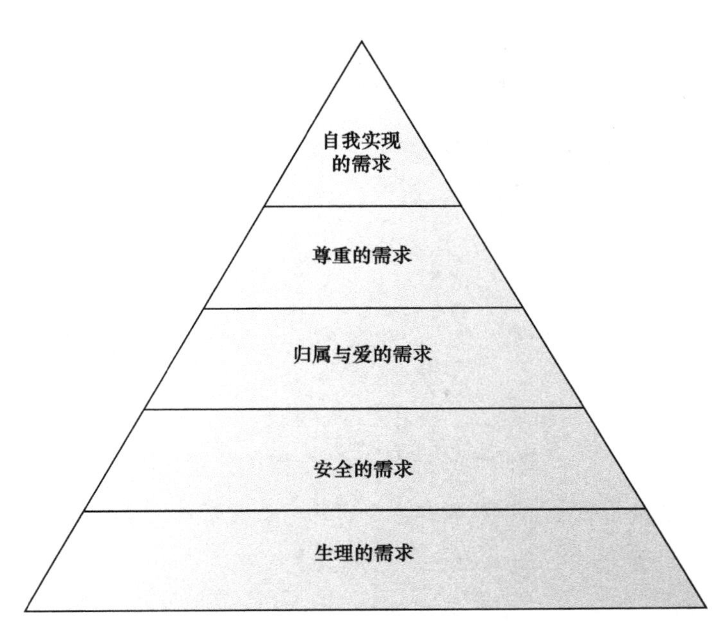

图 2-1　马斯洛需求层次理论

马斯洛指出，大部分情况下，这五大需求都是从低层次到高层次逐级演化和递增的，只有低层次的需求得到满足或部分满足后，才会出现高层次的需求。但也有例外的情况，当低层次需求得不到满足时，高层次需求有时也可以得到部分实现。例如，为了最终的胜利，战士可以忍饥耐寒、遵守纪律、坚持战斗，暂时不顾及自己的生理需要和安全需要。

（1）生理的需求

生理的需求（Physiological needs）是人的本能和基本需求，如食物、水、空气和睡眠等。这些都是维持个体存活所必需的条件，是最基本、最低层次的需求。生理需求也是最急迫、最强大的需求，例如，饥不择食的人不会顾及任何餐桌礼仪。

（2）安全的需求

安全的需求（Safety needs）是第二层次的需求，也属于较低层次的需求，指人们需要人身安全、生活稳定、免于遭受威胁和恐惧等。缺乏安全感会让人处于紧张和焦虑的状态，例如，在战乱国家，人们除保全性命和财产外很难有其他更高层次的需求。

（3）归属与爱的需求

归属与爱的需求（Belongingness and love needs）是第三层次的需求，指被人接纳、关注和支持等的需求，即与他人建立情感联系，如友谊、爱情和对群体的归属等。

（4）尊重的需求

尊重的需求（Esteem needs）是第四层次的需求，指获取并维护个人自尊的需求，希望自己的努力和成果得到别人的认可，如成就、社会地位、名声和威望等。

（5）自我实现的需求

自我实现的需求（Self-actualization needs）是最高层次的需求，是发展自我潜能和作为独立个体成长的动力，如自我成长、顶峰体验和内心安宁等。

提示

一般来说，需求的层次越低，力量越大，对个人的驱动力越强。随着需求层次的上升，需求的力量相应减弱。例如，饥饿的力量会大于社交需求的力量。

小例子

需求层次理论与数字媒体产品

很多数字媒体产品的内容和功能都体现了马斯洛需求层次理论的主题，举例如下。

生理的需求：饿了么、滴滴出行、电影《美食从天而降》《料理鼠王》。

安全的需求：360软件管家、腾讯管家、电影《冰河世纪》。

归属与爱的需求：QQ、微信、电影《千与千寻》《海底总动员》《玩具总动员》。

尊重的需求：知乎、简书、电影《疯狂动物城》。

自我实现的需求：电影《少年派的奇幻漂流》《功夫熊猫》《小王子》。

2．需求层次理论与用户体验

马斯洛需求层次理论详细描述了人类不同层次的需求，为数字媒体用户设计领域提供了重要的指引和参考，可以帮助设计师创造出用户需要的优秀用户体验。网站设计师史蒂芬・布拉德利（Stephen Bradley）在马斯洛需求层次理论框架的基础上，提出了设计需求层次结构，如图2-2所示，该结构成为研发产品的有效指导，带来了高层次的用户价值和用户体验。马斯洛的五个需求对应到产品的用户体验上，是有没有满足功能性的需求，产品是否稳定可靠，产品是否易用和吸引人，是否能灵活响应用户需求，以及让用户参与到产品的建言献策中，发现可改进的地方。设计需求层次中，当低层次的需求被满足后，高层次的需求才能得到满足。

（1）功能性

功能性是设计最基本的需求，产品的功能必须能够成功运作，否则这个产品就是一个失败的产品。这一方面是指产品的功能有没有用，即所设计的功能和特征对用户来说是有作用、有意义的；另一方面是指这个功能能不能用，即在用户使用的过程中能否达到预期的效果。例如，一款数字游戏，首先要能够被下载、安装和运行，让用户能够玩到游戏内容。这就像马斯洛需求中生理的需求一样，是最基本、最低层次的需求，不能完整使用的产品也不是一个完整的设计作品。如果用户发现产品无法满足其目的或者没有期待的功能，就会放弃使用这个产品。

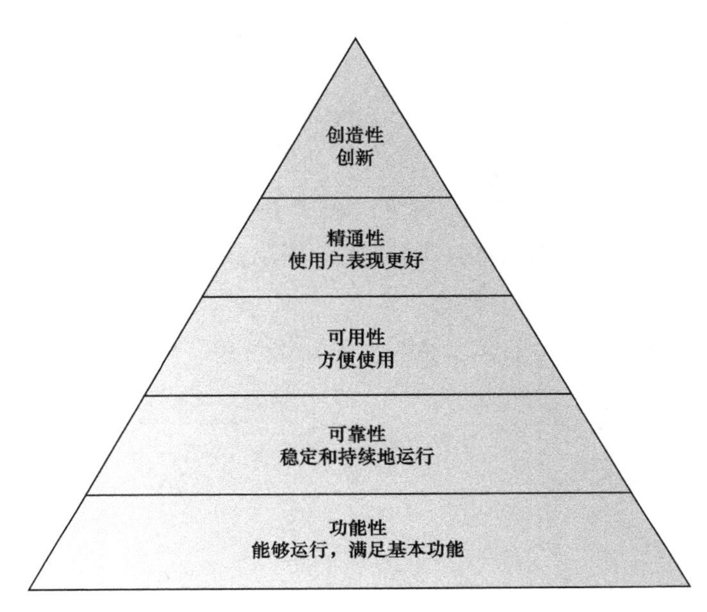

图 2-2　设计需求层次结构

（2）可靠性

设计满足功能性后，下一个层次就是让产品以一种可靠的方式运行，提供稳定和持续一致的用户体验。如果一个数字游戏运行后总是出现Bug，需要不停地重新启动或者丢失用户角色数据，就无法满足稳定性的需求，导致用户放弃。可靠性需求对应的是马斯洛需求中安全的需求，用户希望产品在使用时能够保持稳定性和一致性，昨天运行的内容今天可以照常运行。

（3）可用性

产品能够可靠地运行后，设计的第三个层次就是可用性。设计需要易于理解和使用，并宽容用户错误，不至于因为误操作而导致严重的后果。对一个游戏来说，需要有效引导用户创建和操作自己的角色，也不要因为用户的失败而带来过重的惩罚，如角色死亡和装备损失等。同样是满足基本功能和可靠性的产品，可用性高的可以让用户用尽量少的操作来达成结果。例如，在购物网站上，用户是需要10个步骤还是只需3个步骤来完成下单，所带来的用户体验是完全不同的。可用性对应了马斯洛需求中归属和爱的需求，即希望能建立产品和用户之间的情感联系，培养产品的忠实用户。

（4）精通性

产品设计在可用性的基础上更进一层，能够更好地满足用户的需求，实现精通，帮助用户达到以前所无法实现的操作和技能。例如，在游戏中，用户最终打通了所有关卡或者人物角色达到了最高等级，创造了普通用户不可能达到的成就。这就像马斯洛需求中尊重的需求，即个体自身的努力和成就得到承认和尊重。

（5）创造性

创造性是产品设计的最高层次的需求，产品可以创造性地与用户进行交互，实现产品自身的创新和延伸。例如，游戏的核心用户会自己编辑游戏，创作新的游戏故事、游戏人物或游戏关卡，为原来的游戏产品增添新的内容。创造性对应的是马斯洛需求中自我实现的需求，即让用户能够发展自身的潜能，主动参与进来，提出意见来改善产品。

注意

当一个需求得到满足后，这个需求就不再成为激励因素了，例如，饱食后就对食物失去了兴趣。

2.1.2 心流理论

1. 心流理论

心流（Flow）理论最早由美国心理学家Mihaly Csikszentmihalyi提出，是指人全神贯注投入一件事情中，保持一种忘我而没有时间概念的状态，期间伴随着高度的兴奋感和充实感等积极情绪。契克森米哈里称心流状态为“最优体验”，心流时人处于全神贯注、投入忘我的状态，无须多加思考和操作事情就可以自动发挥和运转。此时个体甚至感觉不到时间和其他事物的存在，只是在事情完成后感受到愉悦、满足和成就感。我们在做自己非常喜欢、有一定的挑战性或适合自己技能水平的活动时，都有可能体验到心流的状态，如攀岩（见图2-3）、游泳、打球、演奏乐器等。

图 2-3　攀岩过程中的心流

契克森米哈里总结了实现心流体验的9个条件，包括明确的目标、直接和即时的反馈、挑战与技能的平衡、行动与知觉的融合、专注于任务、潜在的控制感、自我意识消失、失去时间意识和自有目的性。

（1）明确的目标

明确的目标（Clear goals）是心流出现的首要条件，因为目标会引领专注，让我们投入注意力。日常生活中常常充满了相互矛盾的要求，我们不知道自己接下来要做什么，为了使目标任务明确和具体，需要对复杂的任务进行分解，将其转化为一个个可执行的步骤。

（2）直接和即时的反馈

直接和即时的反馈（Unambiguous feedback）是达到心流的一个重点，它不断告诉我们是否接近目标，以减少不确定性的焦虑。反馈可以是任务本身的进步带来的反馈，也可以是完成任务后额外获得的奖励，让我们随时了解自己的表现和进展。数字游戏让用户上瘾的一个重要特征就是游戏中的即时反馈系统，用户的每个行动和表现都可以马上看到效果。

（3）挑战与技能的平衡

挑战与技能是影响心流的两个重要因素，挑战与技能之间需要保持一种平衡（Challenge-skills balance），所从事任务的难度水平是决定心流是否出现的关键。适当的难度是持续投入的基础，缺少挑战的任务很容易让人感到厌倦，但如果难度太大又会导致用户放弃，无法使用户进入专注的心流状态。

（4）行动与知觉的融合

在日常生活中，我们总是有不同的念头涌上心头、挥之不去，但在心流状态下会全神贯注于自己的任务，将行动与知觉相融合（Action-awareness merging）。要促进心流的出现，就需要创造一个不被打扰的环境，把潜在的外界影响都移除，这样可以激发心流状态出现且不会中断。

（5）专注于任务

专注于任务（Concentration on the task at hand）意味着我们完全投身于所从事的活动，只关心与任务相关的操作和事物，不会想起任何其他东西。对任务的高度专注排除了不必要的干扰，缩小了我们的知觉范围，有利于心流状态的出现和持续。

（6）潜在的控制感

个体对活动存在一种完全的控制感（Sense of control），掌握着活动进行和发展的过程，相信自己能够成功完成任何想做的事情，丝毫不担心失败。

（7）自我意识消失

心流状态下，我们全身心地投入活动中，不再在意自己在别人面前的表现如何，即自我意识消失（Loss of self-consciousness），也不再思考如何保护自我（ego）。

（8）失去时间意识

我们处于心流状态时，完全被所从事的活动吸引会失去正常的时间意识（Transformation of time），要么感觉时间变得很缓慢，要么感觉时间飞速而逝。

（9）自有目的性（Autotelic experience）

心流是一种出于内在动机的活动，行为本身变为目的。人们从事能够激发心流的活动变为一种享受，不再关心活动之外的奖励和结果。契克森米哈里指出，心流是如此令人满足的体验，以至于人们愿意为了活动本身去做，而不考虑从中会得到什么，即使它是困难的或危险的。如图2-4所示，活动成为一种享受。

图 2-4　活动成为一种享受

提示

激发心流产生的活动有多样性，心流产生的同时会伴随着高度的兴奋感及充实感。

2. 心流理论与用户体验设计

心流理论提供了一个通用的模型，总结个体在体验顶峰状态时所共有的特征和条件，为用户体验的分析和设计提供了很多启发和指引。

（1）设立明确的目标

从用户体验的角度来说，很多用户并不关心产品的背后架构，更在乎这个产品能帮助自己达成什么操作。在设计过程中，应保证用户操作的每个步骤都有明确具体的目标，尽量减少同一时间所面临的选择，不让用户感到困惑，从而能够很快做出决策。这样用户就能清楚地知道自己要做什么，为了实现什么目标而努力，从而可能进入心流状态。

（2）提供即时的反馈

即时的反馈是用户达到心流状态的重要条件，能够让用户随时了解自己和目标之间的距离，避免用户操作流程削弱或中断。对用户来说，产品使用过程中的即时反馈能够帮助他们确认是否接近目标，从而决定是重新调整操作还是进行下一个操作步骤。数字游戏是提供即时反馈的最佳例子，用户的每个行为都能立即看到效果，如杀伤敌人的数字和自己获得的奖励等。

经验

注意，提示过多反而会给用户造成压力，尽量使用较少的反馈方式传达同样的信息量。

（3）匹配用户技能的挑战

挑战难度与用户操作技能的匹配也是激发心流状态出现的重要条件。对新手用户，设计要尽量简单和清晰，帮助他们快速学习和掌握产品；而对熟练的用户，要增加更多的功能和操作的复杂度，防止他们感到无聊和厌倦。挑战与难度的平衡，能够激发和保持用户的兴趣，促进心流状态的产生，从而提升产品的吸引力。图 2-5 所示为挑战与技能之间的平衡如何影响用户状态的示意图。

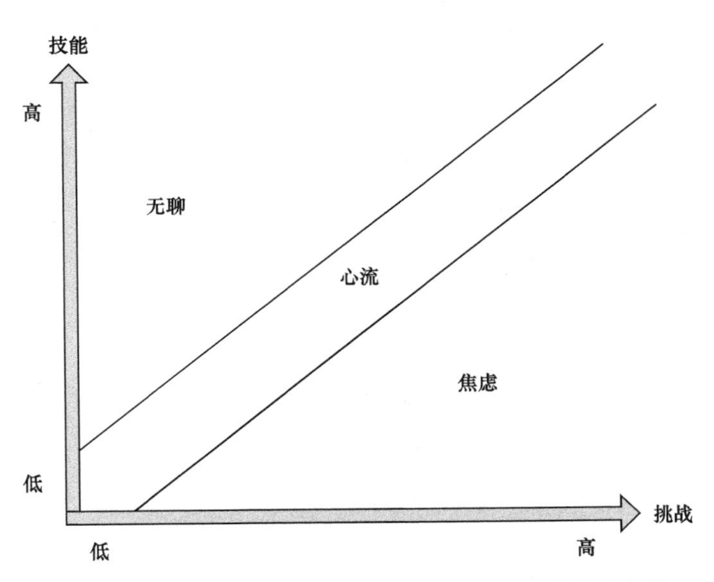

图 2-5　挑战与技能之间的平衡如何影响用户状态的示意图

（4）保持用户的注意力

注意力高度集中是心流状态的主要特征，个体几乎是心无杂念地专注于手头所从事的活动。产品的设计要吸引和保持用户的注意力，首先将关键内容置于首位，坚持简约化设计，去除所有不相关的特征和信息噪声，引导用户关注产品的中心内容，优先处理关键性的信息，并且保持长期的注意力。其次，尽量避免对用户操作流程的干扰和打断，保证操作上尽可能顺畅。因为被中断操作后用户很难恢复到之前的状态，更不会出现心流了。

（5）提升控制感

控制感能让用户在产品的使用过程中有安全的感觉，也是影响心流出现的重要因素之一。在用户体验上提升控制感，首先要保证让用户获得自己预期的结果，能够预先知道和控制下面发生的事情。这样用户在使用过程中不断看到产品的变化符合预期，验证自己的判断，就会对产品产生控制感和信任。同时，产品设计要有足够的容错性，尽量防止用户出现错误，且当用户犯错后也不会因此带来损失和惩罚。

小例子

数字游戏中的心流模型

澳大利亚昆士兰大学（The University of Queensland）的研究人员根据心流理论，提出了游戏心流（Game Flow）模型，用来理解和分析数字游戏的用户体验和感受。他们的游戏心流模型由8个元素组成：专注、挑战、技能、控制、明确的目标、反馈、沉浸感和社交互动。每个元素都包含一组评估游戏中用户体验的标准。游戏心流模型被证明能够成功区分高评分和低评分的游戏，并识别出一款游戏成功或失败的原因。他们认为游戏心流模型可用于现在的游戏用户体验分析和产品评测，为游戏设计和评估游戏中的乐趣提供有效的工具。

2.1.3 设计的三个层次

1. 设计的三个层次

美国设计学家唐纳德·诺曼（Donald Norman）于1995年提出了用户体验的概念，在《设计心理学》一书中，他划分了设计的三个层次（Three Levels of Design）：本能层次、行为层次和反思层次。本能层次是用户对设计的第一印象和感受，行为层次是用户在操作和使用过程中的体验，反思层次是用户被产品所激发的思考，这3个层次结合起来形成了对产品的整个用户体验。

（1）本能层次

本能层次（Visceral Level）是人对事物的自然反应，来自感觉器官的感受，不受逻辑思维的控制，例如，人们偏爱甜味、讨厌苦味。本能层与人类情绪中由遗传决定的、自发的特性相关，这些体验基本上是不受人类自身控制的。

（2）行为层次

行为层次（Behavioral Level）是人与事物互动时产生的体验和认知，指人们在完成或未能完成操作目标时产生的感受。例如，人们在计算机键盘上能够轻松打字时会有愉悦感，而在小的触屏设备上打字比较困难时会感到挫折。当设计的产品能够让人们用最小的努力且遇到最少的困难就能完成目标时，人们的情绪可能是正面和积极的。

（3）反思层次

反思层次（Reflective Level）是指人们使用物品后，通过总结和反思得出对事物的认识和体验。这是在用户内心产生的更深层的情感，以及结合个人经历、文化背景等因素而产生的理解和共鸣。例如，观看完电影《少年派的奇幻漂流》后，观众可能会结合自身的生活经历，讨论和思考电影要表达的意义是什么。

2. 三个层次设计

从用户体验的角度看，本能层次对应设计的外观，行为层次对应设计的可用性和效率，反思层次对应设计的智能性和趣味性。

（1）本能层次设计

本能层次设计关注的是产品的外观本身，是那些可以被直接感知的特征及产品带给用户的感受。本能层次是产品给用户的最直观的印象，包括用户如何看待产品、用户对产品的感受。本能层次设计要让用户第一眼看到产品就有心情愉悦的感觉，包括美丽的外观、吸引人的操作界面、绚丽的特效等。

（2）行为层次设计

行为层次是指产品的功能性和实用性，更多与产品的可用性相关。行为层次设计关注如何提高用户效率，例如，帮助用户实现操作目标和减少出现的错误，以及如何让产品适应不同技能水平的用户。行为层次设计常常可以通过可用性测量来衡量，例如，调整两个按钮的位置前后测量用户完成任务的不同时间和错误率。

（3）反思层次设计

反思层次设计是最高层次的设计，能够激起用户强烈的情感波动，建立用户与产品之间的长期纽带，即提高用户的忠诚度，同时帮助用户建立自我形象。同类产品往往具有接近的功能，例如，台灯或电视从功能上其实区别不大。但是反思层次设计能够唤起用户的情感、态度甚至信仰，使产品符合用户的自我形象，从而在竞争产品中脱颖而出。图2-6中的智能手表除具备功能性外，还起到了身份展示和建立自我形象的作用。

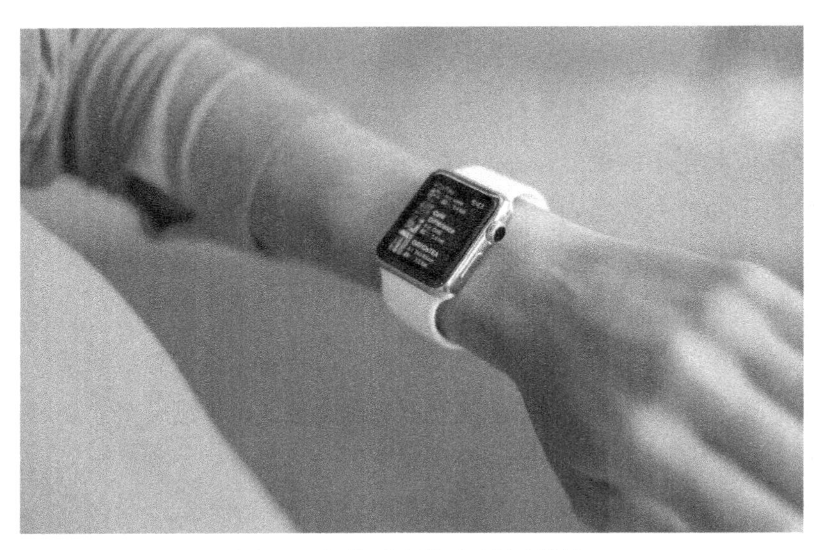

图 2-6 智能手表的反思层次设计

小例子

智能手表的反思层次设计

韩国大学（University of Korea）的研究人员考察了用户使用智能手表的目的，发现其中一个动机是将其当成奢侈时尚产品，这与智能手表为他们提供的自我表现力有关（即展示自己和增强形象）。因为反思层次的影响，用户可能会忍受智能手表本能层次和行为层次方面的缺点，他们相信自己能从智能手表中获得其他非功能性的好处。例如，苹果智能手表的第一个版本存在一些问题，但苹果智能手表在第一年就创造出全球手表产业的第二大收入，因为大家相信这是一种时尚的产品。

2.2 用户体验模型

2.2.1 五层用户体验模型

杰姆斯·伽略特（James Garrett）以在线网站的设计为背景，在《用户体验要素——以用户为中心的产品设计》一书中提出了用户体验的5个组成层，即表现层、框架层、结构层、范围层和战略层。

1. 表现层

表现层是当用户看到产品时，产品给用户带来的第一印象是什么，如产品的颜色和外观。表现层主要涉及视觉设计，让用户有赏心悦目的感觉。图 2-7 中的苹果电子产品，在外观上就给人一种亲切感和柔和感。

图 2-7　苹果电子产品的表现层

2. 框架层

框架层是用户在开始使用产品时对产品功能和操作的感受，如产品的界面和操作菜单。框架层的设计要优化界面布局，让按钮、文字和图表的分布既美观又有效率。

3. 结构层

结构层是用户在使用产品过程中对产品的认识和感知，例如，完成操作的流程如何，有没有遇到什么障碍。结构层关注的是用户的可用性和交互设计，例如，如何引导用户到特定的操作界面。

4. 范围层

范围层是用户深入使用某个功能后对它的感知和体验，例如，微信是否支持自定义表情或共享文件。范围层关注的是产品的功能和特征，决定哪些功能要包含在产品中及哪些功能可以舍弃。

5. 战略层

战略层关注的是用户使用完整个产品后评价是否完成了原来的目标，例如，是否通过产品完成了网上购物的整个流程。战略层的设计要规划产品的范围和目标，这涉及产品的定位，包括产品愿景、目标市场、战略目标和用户需求分析。

提示

任何产品都不能满足所有用户的需求，因此设计需要先确定产品的范围，列出产品的战略目标及通过这个产品要达到的商业目的。

2.2.2 CUBI 用户体验模型

用户体验设计师科里·斯特恩（Corey Stern）总结了现有的用户体验模型和框架，创建了CUBI用户体验模型，将用户体验划分为4个部分，即内容（Content）、用户目标（User Goals）、业务目标（Business Goals）和交互（Interaction），如图2-8所示。

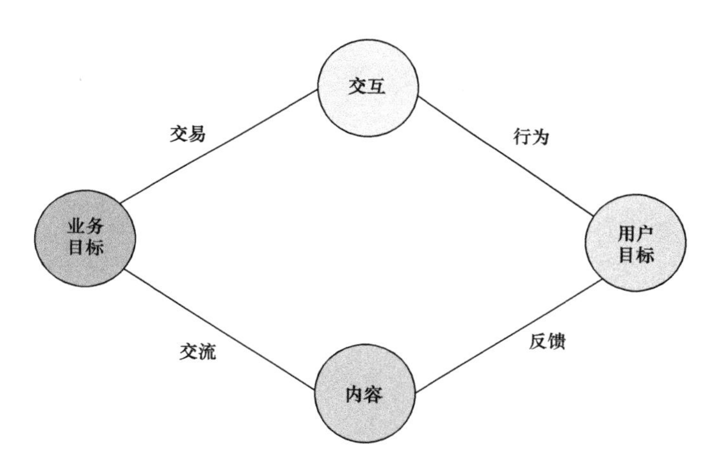

图 2-8　CUBI 用户体验模型

1. 内容

内容是产品呈现的各种媒体信息，包括文字、图像、视频、音频和数据等。各种内容的形式可以结合起来使用，例如，文字可以结合数据，图像可以结合音频效果等。在用户体验设计中，可以用多种有趣和吸引人的方式来呈现内容，如讲故事、比喻、类比、象征和制造挑战等。

经验

数字媒体中，相同的内容信息可以有不同的呈现方式和风格，例如，一个图像可以被处理成写实风格或动漫风格，也可以根据目标用户的需要灵活调整。

2．用户目标

首先了解用户的特点及其如何使用产品，常见的一种方法是用户画像，包括人口学特征（性别、年龄、收入、地域等）、心理特征（个性、兴趣、生活方式等），以及在何时、在何地、用何种方式来使用产品。确定用户类型后，有针对性地分析每类用户的特定需求是什么，采取什么方法驱动用户，然后采取行动，最后看行动如何转化为有意义的结果。

3．业务目标

业务目标是指企业操作业务产品，给用户提供积极的品牌体验，让他们来消费以产生商业利益，最终实现企业的使命。业务目标首先包括支持这个产品运营的人和资源，项目的参与者包括设计师、管理者、运营者和参与的用户，资源包括内容数据的输入、第三方工具、品牌方针、用户研究和分析等。其次提供产品或服务，向用户解释自己的核心竞争力，告诉他们为什么应该使用该产品或服务。最后，产品最终应创造有价值的绩效指标，包括财务表现、用户满意度、员工绩效等，达成企业的核心目标和使命。

4．交互

交互是指提供一组交互模式，让交互系统可以在多种多样的设备平台上运行，方便人机互动。交互模式是对一套被反复使用、大众知晓的设计经验的总结，如常见的标题、菜单等。系统交互可以包含引导、流量、反馈和通知，帮助用户实现自己的操作目标。设备交互是指设计一个产品时，要考虑它在不同平台的兼容性，如屏幕尺寸、操作按钮或者其他因素，最终方便人机互动，特别是人与计算机的交互。

小例子

谷歌产品关注残障人士的产品交互

在过去几年中，谷歌公司更多地将可访问性融入产品中，并为全球约10亿有或多或少残疾的人提供更多支持。例如，谷歌文档和谷歌邮箱都针对盲人或视力障碍用户做出相应改进。谷歌启动了一个集中的辅助功能团队来帮助改进其产品，确保谷歌的浏览器、操作系统和笔记本电脑适合有听力、视力、灵敏度或认知障碍的人使用。

2.2.3 KANO 用户体验模型

KANO用户体验模型是东京理工大学教授狩野纪昭（Noriaki Kano）提出的用户体验分析模型，用来对用户需求进行分类和排序，检查用户需求对用户满意度的影响。

1. 基本型需求

基本型需求也称必备型需求，是用户对产品的基本要求，是产品必须具备的属性或功能。基本型需求如果无法满足，用户会很不满意，例如，一个智能手机没有信号会让人立即放弃。但是即使基本型需求达到甚至超过了用户的期望，用户除对此满意外，也不会表现出更多的好感，因为他们认为这是理所当然的。

2. 期望型需求

期望型需求也称意愿型需求，它们不是产品必须具备的特征或功能，而是用户希望看到的。如果期望型需求得到满足，用户满意度会显著提高。产品提供的功能和服务超出用户期望越多，用户的满意度越高。

3. 魅力型需求

魅力型需求也称兴奋型需求，是超过用户期望的需求，给用户带来惊喜和兴奋感。产品带来的魅力型需求即使表现并不完善，用户也会有表现出非常高的满意度。图2-9所示为KANO用户体验模型。

4. 无差异型需求

无差异型需求对用户体验没有明显的影响，不管是否提供，都不会导致用户满意度出现太大变化，如产品提供的没有实用价值的小礼品或赠品。

5. 反向型需求

反向型需求又称逆向型需求，是用户根本没有的需求，提供后反而会引起强烈不满的产品功能或属性。

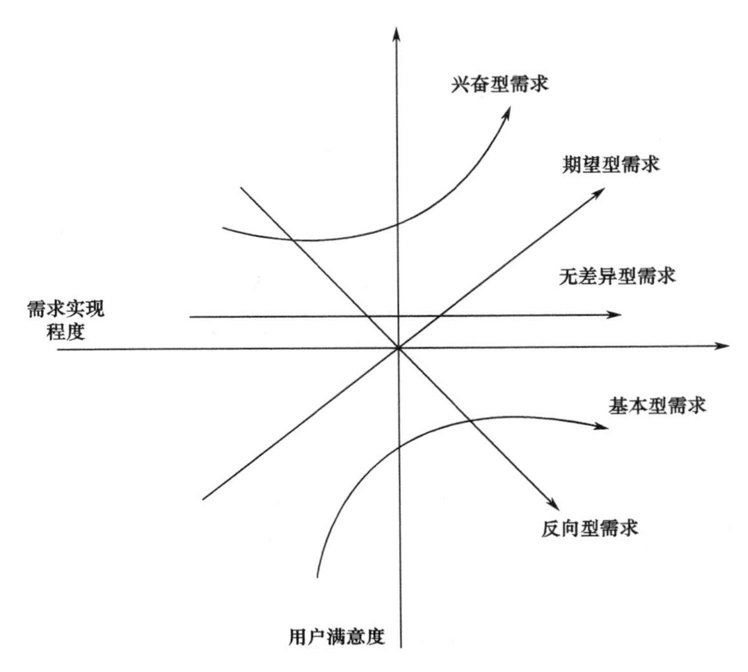

图 2-9　KANO 用户体验模型

小例子

海底捞火锅的魅力型需求

海底捞火锅以给用户创造超过他们预期的需求和惊喜而著称，例如，等位顾客可享受免费擦鞋、美甲服务，服务员还会表演拉面、唱歌，发现有人过生日会静静送上蛋糕等，还有专门的儿童游乐区。海底捞的广受欢迎，正因为它以服务至上，让顾客感受远远超过自己的预期。

2.2.4 用户体验蜂巢模型

互联网行业知名的信息架构专家彼得•莫维里（Peter Morville），提出了自己的用户体验蜂巢（User Experience Honeycomb）模型，如图 2-10 所示。

- 有用（Useful）。产品内容是原创的，满足用户的真实需求。
- 可用（Usable）。功能容易使用。
- 满意（Desirable）。使用图像、身份、品牌和其他设计元素来激发情感和满意度。
- 可寻（Findable）。内容方便导航和定位，用户可以很快找到他们需要的东西。
- 可及（Accessible）。产品对残障人士来说，也是可以使用的。
- 信任（Credible）。让用户产生信任，相信关于产品功能的描述。

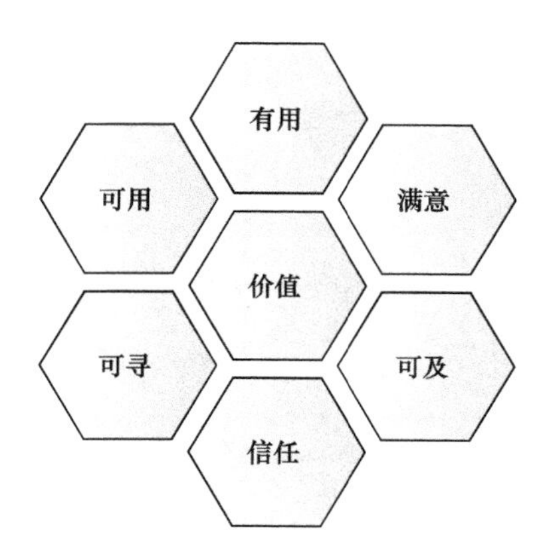

图 2-10　用户体验蜂巢模型

- 价值（Valuable）。产品能够带来价值，包括为投资人贡献商业价值和提升用户的满意度。

小例子

支付宝的用户体验

支付宝刚刚面世时有一个问题，就是“产品不好用，体验不好”，用户给了很多负面的反馈。为了改善用户体验，支付宝团队把“能用、好用和敢用”作为目标。“能用、好用”保证每次的支付成功率，解决“有用”和“可用”的目标。“敢用”则是要解决用户使用支付宝时的安全感问题，以建立“信任”为目标。为了解决这个问题，支付宝提出的口号是“你敢付，我敢赔”，从而让用户更有安全感。

2.3　用户体验分析方法的发展

2.3.1　定性研究与定量研究

1．定性研究

定性研究是选取少量有代表性的样本，深入分析研究对象的某个特征或行为，发掘事物背后的原因和机制。定性研究没有标准化的数据且结果不可以量化，更强调个人经验、描述和意义等。

在用户体验分析中，定性研究常用在对目标用户的特征和需要的深入发掘上，如用户的动机、观念和态度等。作为定量研究的补充，在发现某些比较特殊的定量数据和结果时，通过定性研究分析其背后的原因。

2．定量研究

定量研究以数据化的符号测量，将研究问题与现象用数量表示。定量研究常常使用有代表性的大样本，收集数据进行录入、整理和分析，通过数学、统计等技术对信息进行量化。

在用户体验研究中，定量研究首先用于前期的用户背景调研和需求分析，如对用户的人口学背景（性别、年龄、教育程序）及产品的使用情况（时间、地点和频率）的描述。在产品开发和运维过程中，定量研究还能够验证产品的具体问题或进行功能评测，如用户对产品某个特征的满意度调查。

3．定性研究与定量研究相结合

定性研究和定量研究的每种方法都有各自的优势和弱点。定量方法提供了客观的数据，而定性方法则能够深入分析有关用户体验的背景信息。定量研究可以帮助定位那些可能阻碍用户体验的问题，如果想知道用户为什么发生这些问题及对某个产品功能有什么认识，则需要定性研究作为补充。

定性研究的优点在于可以对用户进行一对一的深入沟通和观察，在自然情境下分析用户的行为和感受。但是定性研究比较费时费力，受研究人员个人经验和技巧等因素的影响比较大，研究结果因为样本量太少也不具有代表性。定量研究可以方便快捷地收集大量用户的数据，结果便于进行分析和对比。但是，定量研究的问题和过程都是固定的，只能获得有限的用户信息，而无法观察用户在真实使用过程中的行为。图 2-11 所示为常见的定量研究和定性研究。

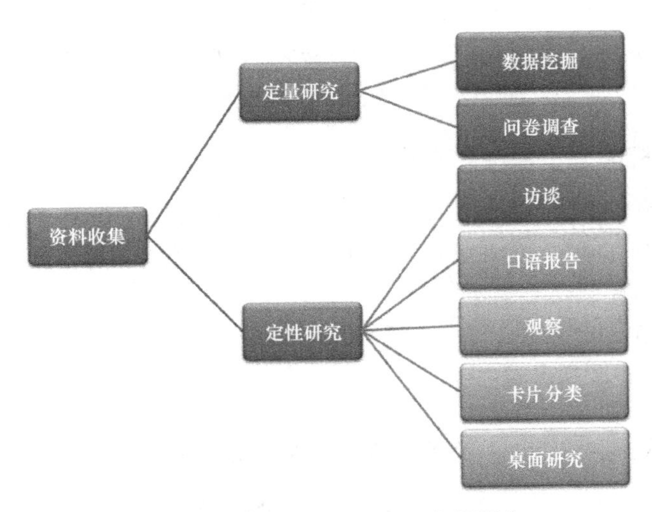

图 2-11　常见的定性研究和定量研究

提示

用户体验分析和实践中，定性研究和定量研究不是相互排斥的，而是相互补充和结合的，常常需要用定量的方法去寻找研究的方向，再用定性的方法来挖掘背后的原因。

2.3.2 新科技助力用户体验分析

1. 新技术与用户体验分析

当前评估用户体验的技术中最常用的是通过问卷调查、用户访谈和卡片分类等方法收集用户自我报告数据。通过问卷和访谈收集主观报告数据方便快捷，可以进行快速统计并易于管理和整理，但是问卷问题可能会有偏差，也不利于发掘复杂的问题。参与者如果知道自己的答案会被记录下来，可能会回答研究人员想听到的内容，而不是自己的真实感受。

用户研究过程中的一个困惑就是，用户说的话总是模糊又不确定的，容易受各种因素的影响。例如，用户会说出一百个喜欢产品的理由，但是一个不喜欢的理由就能促使他离开，如何了解用户真实的想法成为一个难题。随着数字媒体的内容变得越来越复杂，我们迫切需要更客观的方法来测量和分析用户体验。而人机交互技术的新发展也提供了很多新设备来测量用户的心理和生理反应，包括皮肤电测量、心电测量、脑电测量、肌电测量、面部表情测量和功能性磁共振成像。

相比于传统的自我报告法，生理物理测量能够更好地收集和分析用户的感受、情绪、体验方面的客观数据。生理物理测量可以持续自动记录，不会干扰或打断用户的正常使用和操作。更重要的是，它们可以分析到那些用户自己都没有意识到、更无法报告的反应信息。

数字媒体研究的一个独特优势是通过服务器端的数据我们可以收集和分析关于用户行为的详细数据。特别是对在线产品来说，用户在操作和使用过程中的所有话语与行为都可以被记录下来，并且这些数据都是被自动记录的，不会像传统研究中那样受到观察者在场的影响。

2. 用户体验的多学科研究

用户体验分析是一个快速发展的领域，涉及多门不同学科的知识，综合了人文、艺术和科技方面的最新发展。人文方面的学科包括心理学、人类学、社会学、文化学、生理学等，艺术方面的学科包括交互设计、工业设计、数字媒体艺术、动画制作等，科技方面的学科包括信息技术、计算机技术、软件工程、人机交互等。

（1）心理学

心理学是研究人的心理现象及其发生、发展规律的科学，与用户体验设计相关的包括认知心理学、实验心理学和工程心理学等。心理学的知识和方法尤其适合用户研究，通过用户观察、任务分析等收集反馈来理解用户的行为、态度和需求。

（2）交互设计

交互设计关注如何在人机之间通过精心设计的行为创造有吸引力的交互系统。特别是用户界面设计关注如何让用户界面易于理解、使用和定位，方便用户实现想达成的操作。

（3）信息技术

信息技术关注的是信息的产生、获取、变换、传输、存储、显示和利用等，研究、设计、制造、开发各类电子设备、信息系统、通信与网络系统。信息技术为数字媒体的用户体验与产品创新奠定了技术基础。

2.4　练习题

用户体验分析和研究中，常用的理论框架有哪几种？它们在用户体验设计方面有什么应用和启发？

知识要点提示：

- 用户体验分析和研究的理论框架；
- 不同理论对用户体验设计的指导作用。

第 3 章 用户体验分析的研究方案

研究方案是用户体验分析项目中不可缺少的重要工具，帮助研究人员规划和记录研究环节、设置时间节点、与相关部门的人员进行有效沟通。本章介绍研究方案的定义、作用、结构，以及如何在研究中调整方案。

学习目标：

- 理解研究方案的定义
- 掌握研究方案的结构
- 理解研究方案的调整方法

3.1 研究方案的定义及作用

3.1.1 研究方案的定义

研究方案是研究人员制订的关于某个用户体验分析项目的研究计划，根据该计划进行后续的具体用户研究和分析活动。每个用户体验分析项目都是从制定一份用户研究方案开始的，方案以文档形式呈现了研究的目标、方法、样本和预期结果。它是用户体验分析项目的启动文件，对正在开展的研究进行解释，特别是研究要达到的目标。

用户体验人员通过这个方案，使产品设计和开发团队相信自己能够提供一个有价值的用户体验分析项目，并且现在具备完成该项目的能力和工作计划。研究方案中还需要说明打算做什么、为什么这样做及选择哪种方法做。

3.1.2 研究方案的作用

用户体验研究方案帮助记录相关的需求，方便相关人员和部门之后的沟通，并且便于跟踪和记录研究中的每个流程。研究方案包含有关用户体验分析项目的所有必要信息，并确保整个团队朝着正确的方向展开项目。

1. 追踪目标

制定用户体验研究方案能够确立研究目标，设置研究过程中的检查点，使在项目进行过程中的一切活动都与研究目标保持一致。它提供了一份项目清单，确保研究人员在规划和执行研究过程时不会忽略任何重要环节，如图3-1所示。研究方案可以使整个团队在目标上和更大的范围内保持一致，使每个人都步入正轨，避免在中间错误地切换研究目标。最重要的是，它们可以使研究人员真正专注研究焦点，确保项目在回答要揭示的问题，并在项目结束前以最有效的方式完成研究目标。

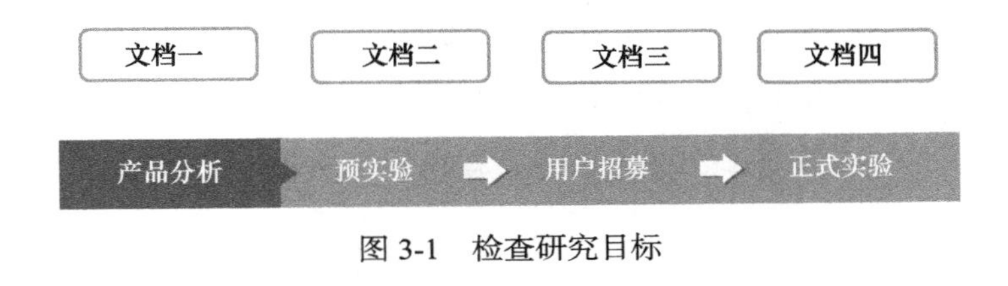

图 3-1　检查研究目标

提示

比起头脑中和口头的想法，书面方案可以帮助研究人员更好地组织自己的想法。

2. 沟通需求

用户体验分析通常都是为了帮助给产品做出更好的决策而进行的，其中重要的一点就是确认不同的需求，清楚用户研究对产品有何帮助，如图3-2所示。在制定研究方案的过程中，研究人员需要与将使用研究结果的所有利益相关人员进行沟通，收集他们感兴趣的内容或他们想问的问题，了解他们希望通过这项研究达成什么目标。

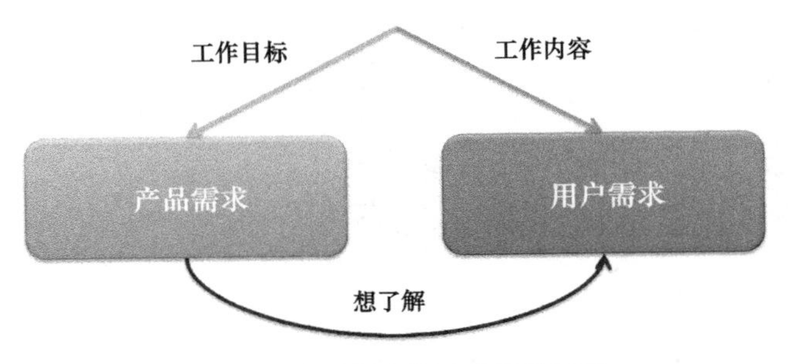

图 3-2　沟通用户体验分析的需求

除产品设计团队外，沟通对象还包括公司决策层、市场推广团队、技术团队和用户支持团队等，这可能是从CEO到支持团队中的任何人。挖掘和确认他们不同的需求，并且将其纳入研究方案中，保证最后每个人都能从中找到对自己有参考价值的东西。研究方案让产品的利益相关者参与并了解情况，帮助防止不必要的误解，同时减少了召开会议进行沟通的需求。

经验

让每个利益相关者都阅读和批准研究方案，这样所有人都可以了解研究的目标、范围及研究进度。

3.2 研究方案的结构

3.2.1 典型案例：游戏界面用户体验研究方案

学习目的：了解用户体验研究方案的结构。

重点难点：如何选择合适的研究方法。

步骤解析：

1. 目的

在新界面的程序功能及美术资源基本完成后，需要测试其是否符合对界面的功能需求，特别是测试界面所包含的颜色及图形组织布局两大要素。

2. 方法

实验室测试、访谈和问卷调查等方法。每位用户测试持续时间大约为1.5小时，访谈和回答问卷时间为10～20分钟。

3. 被试者

内部人员：系统负责人（功能测试）、非界面设计人员（项目测试）、界面专业人员（经验评价）。

外部人员：新手玩家、资深玩家、非游戏用户。

4. 地点

有单独的用户测试房间，配备计算机、投影仪、录像设备等。

5. 流程

用户要在整个游戏界面中操作任务清单所列举的项目，这些项目没有先后之分。在观察记录表中，如果能够正确操作，则在“是否具有可操作性”后标记√；如果不能，则在对应项目后标记×，并在备注中写出可能的原因。

6．数据

用户测试完成后，通过事后访谈和问卷调查，进一步探讨他们面临的问题。

案例总结：用户体验研究方案应包含用户测试过程中所有的关键环节和要素，并且提供足够的信息供用户评估所提出测试方案的可行性。

3.2.2 研究方案的内容

一份完整的研究方案，通常包括标题、背景、目标、方法、预期结果和附录材料等。

1．标题

研究方案的标题应该简洁明了，让用户一眼就能明白方案的内容，并且激发他们对方案的兴趣和期待。一般情况下，根据方案的目的和功能组织标题，清楚地描述研究中涉及的变量，有时还会提及研究的参与群体，标题如“游戏新手任务难度对流失率的影响分析”“网站购物界面可用性测试”。

2．背景

背景用于提供本研究的意义和发生的原因，分析所研究问题的历史、以前的研究结果和曾经尝试的解决方案，说明问题的重要性和本项目的合理性。解释现在为什么要提出这个用户体验分析方案，需要验证或探索的是什么问题，使用户了解研究目的、背后的需求和期望。在进行这项研究前做了什么，以及该方案将完成什么内容、产生哪些新的见解。

小例子

背景：购物应用的用户痛点分析

这项研究的目的是分析用户在使用购物网站时遇到的主要痛点，以及这些痛点如何导致用户放弃、退货和忠诚度低等问题。研究将使用观察法、访谈法和问卷调查法来跟踪用户对网站的体验，以及他们在下单过程中遇到的障碍。根据收集的数据和资料，将深入分析用户对网站的体验及他们在购买商品时面临的挑战和需求。

经验

背景不要太长，可以用简短的文字描述这项研究的原因及该项目的近期历史。

3．目标

每个研究方案都需要有一个目标，这个目标应该非常明确。目标用于描述希望通过用户分析来解决的问题、这个问题的重要性，以及如果解决这个问题将对产品设计和开发产生的促进与意义。

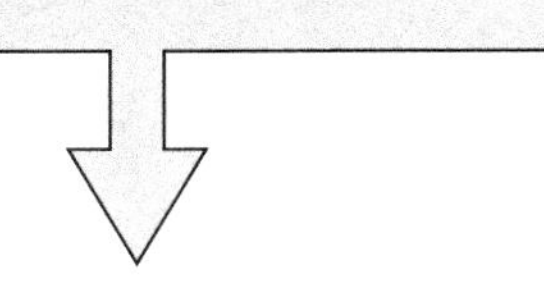

图 3-3　研究问题列表

设定特定研究目标的最佳方法是以具体、可行和有意义的形式提出几个问题，如图3-3所示。每个项目的研究目标都不同，一个研究方案可以包括一个主问题和若干子问题。研究问题可以是全新的，如产品新增加的功能或特征；也可以是以前就存在但始终没有解决的。对以前已经存在的问题，需要说明为什么现在是解决这个问题的时机，如出现了新的研究技术或者新的数据，能提高解决这个问题的可行性；或者最近出现了新的用户障碍，导致不得不尽快解决这个问题。例如，“大学生是如何选择手机品牌的？”“我们的新账号创建页面是否可以准确传达相应的功能？”“我们的用户是否能够被成功引导到订单页面？”，这些问题都比较具体，可在研究范围内回答，并且在完成研究后可以采取行动，有足够的意义。用户体验分析应能在研究结束时回答所设定的目标，无论是分析已经存在的问题还是评估一个全新的功能，都需要最后得出关于这些问题的结论。

小例子

目标：游戏角色创建功能用户体验分析

用户体验分析目标：

- 了解用户当前如何在游戏中创建角色；
- 了解用户在考虑角色创建时会采取什么行动；
- 评估用户在使用游戏的角色创建功能时会遇到的痛点。

4．方法

研究方法描述所采用的解决研究问题的具体方法和背后的基本原理，规定要观察的对象，提供关键概念的定义。研究方法解释了计划如何解决研究问题，说明详细的工作计划和完成项目所需的活动。研究方法要提供足够的信息和细节，让用户判断所选择的方法是否正确和可行，也能够让其他研究人员根据研究方案来复制实施该研究。一般来说，研究问题决定了采用哪种研究方法，例如，探索性问题可通过访谈法来回答，功能性问题则适合观察法。

（1）方法选择

说明分析相关研究问题时一般采用哪些研究方法，本研究采用的是什么方法，解释为什么当前方法是解决该研究问题的最合适、最有效的方法。研究中不同方法的组合可以形成不同过程，例如，可用性测试常常是由观察法、问卷调查法和用户访谈法三种方法组合的一个研究过程，如图3-4所示。

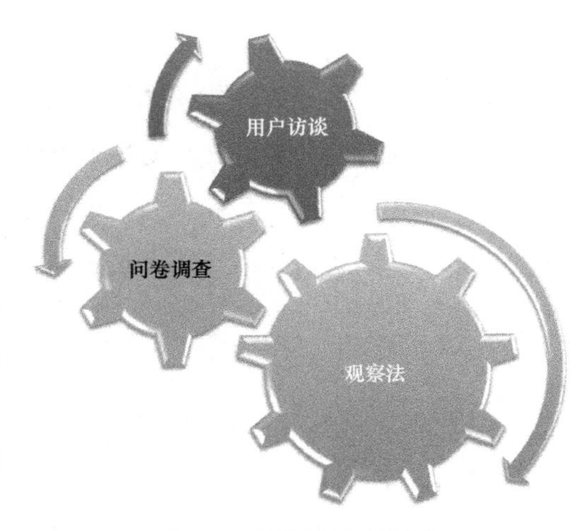

图 3-4　研究方法的结合

对于定量研究，研究方法通常要说明以下内容。

① 研究设计。是采用问卷调查研究还是实验室实验，选择哪种研究设计？例如，实验又分为组间设计和组内设计。

② 抽样。选择哪些用户参加测试，使用哪种抽样方法？

③ 测量工具。使用哪种测量仪器或问卷，为什么选择它们，这些工具有效和可靠吗？

④ 测试流程。用户在测试中需要进行什么操作，花费多长时间？

⑤ 数据分析。计划收集哪些数据，使用什么统计方法进行分析？

定性研究往往没有建立统一且被广泛接受的标准，因此对方法部分需要提供比定量研究更加详细的说明，来证明采用该定性方法的合理性。特别是，定性研究中的数据收集和整理过程受主观因素影响比较大，需要特别说明如何保证数据的有效性，如图3-5所示。

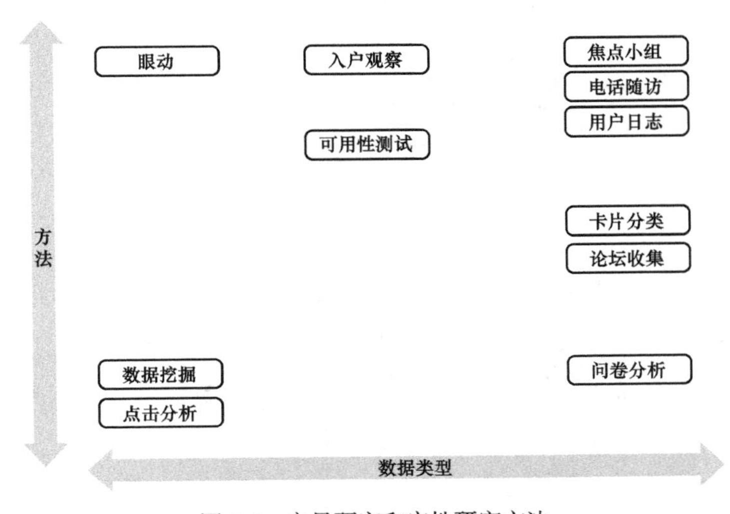

图 3-5　定量研究和定性研究方法

（2）研究范围

研究范围清楚地界定研究方向和重点关注的几个问题，有助于促进有效执行用户研究方案。研究过程限定于需要收集的信息，就不会在这个过程中被引导到错误的方向，被不必要的其他信息所干扰。研究范围包括3～5个主要的研究问题，以及需要重点分析的产品功能，如用户在登录界面上的操作流程、可行性和满意度等。

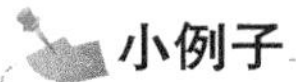
小例子

电商网站用户体验研究方法

在对电商网站的用户体验研究中，先采取实验法进行30分钟的可用性测试，分析用户对购物网站的体验。完成用户测试后，再进行一对一的用户访谈，更好地了解用户的体验和需求。

（3）样本

定义了研究方法和研究范围后，就要说明研究时会招募哪些用户作为参与者，包括如何抽取样本及保证样本的代表性。样本资料应包括与目标用户有关的所有信息，如产品使用经验、需求、年龄、性别、教育程度和地理位置等，如图3-6所示。

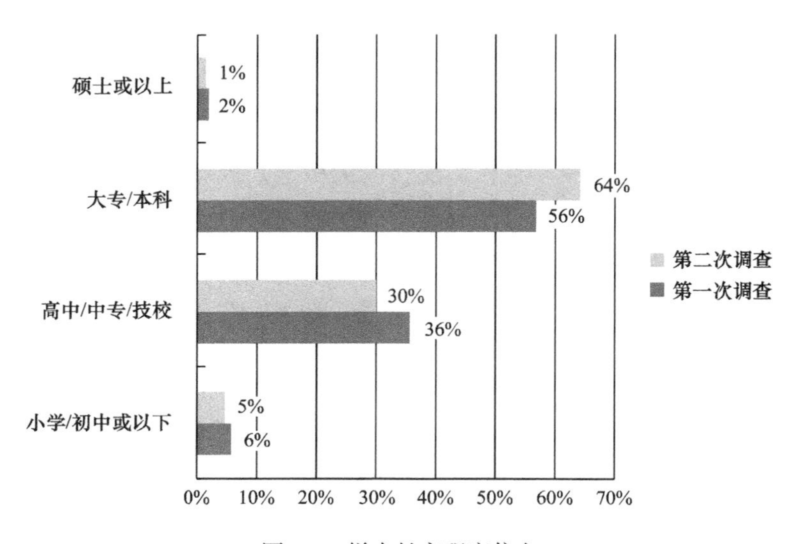

图3-6　样本教育程度信息

选择和抽取样本过程中，需要与产品团队、市场团队、销售团队和用户支持团队不断沟通，在他们的帮助下了解目标用户的身份和背景。对还没有用户群的未上市产品来说，可以先将自己产品与竞争产品进行比较，并根据它们的用户群定义参与者范围，也可以直接招募使用竞争产品的现有用户群来收集反馈。

提示

注意保护用户隐私，研究方案中不可包含参与者的姓名和识别信息，而应使用数字等代码来表示。

（4）时间表

研究需要的时间往往取决于研究方法和研究的参与者，有的在一天内就能完成所有用户访谈，也有的需要持续跟踪用户观察几个月。

时间表一般至少提供三个重要的日期：何时开始招募用户、何时进行研究及何时可以得到预期结果。大型研究项目需要提供更多的时间表细节，例如，如果研究需要到另一个城市进行，则可能需要更多时间进行现场和会议准备。时间表规划了提出研究问题、抽取样本、执行测试和分析数据等各环节所需要的时间和进度，给所服务的产品团队和相关部门提供研究进程的总体概述。时间表为讨论、汇报、跟进和交付研究成果提供了时间节点，设定了对最终结果的期望。

（5）人员

研究团队包括提出和执行研究方案的团队和其他相关人员，如推广团队、用户团队等。研究方案与所有的产品或服务一样，都需要仔细确定目标受众的不同需求。不同的用户体验研究利益相关者对项目的内容和兴趣也不一样。

产品经理、设计师和技术人员可能对研究目标、研究问题和时间表最感兴趣，因为这些决定了他们何时和在多大程度上能获得有价值的用户信息。他们也会不断跟进研究进度和时间表，以确保日程安排能够使他们及时做出设计、业务和开发决策。在某些情况下，他们也对参与者的选择标准感兴趣，希望确保参与者能够代表该产品的用户群。决策人员可能对研究的目标、时间表和总体成本更感兴趣，因为他们决定是否启动这个项目，且不希望预算超出范围。

5. 预期结果

仔细考虑如何分析数据并报告，说明要收集的数据类型及将使用何种统计方法来分析数据。同时解释如何对数据保密，并确定负责保存数据的人员。

6. 附录材料

附录材料包括在制定研究方案前讨论过的信息等，如用户反馈的原始信息或者讨论该研究的会议记录。

3.3 调整研究方案

1. 研究方案的调整

研究方案是执行成功用户体验分析项目的重要工具，可以帮助研究人员记住该过程所需要的内容和环节，向合适的人员传达必要的信息，并让团队在整个用户研究方案中保持步调一致。同时，研究方案是一份实时更新的文档，可以根据需要进行共享和编辑。在进行用户研究项目时，研究的环节和思路其实是不断变化的，不可能事先全部确定下来。例如，受限于资源、测量工具或用户样本等因素，原来的研究方法可能行不通，只能采取其他方法。

在研究过程中随着研究的深入，可能会发现新的有意思的研究问题和方向，此时需要重新调整研究方案来探讨它们。因此，研究方案需要进行适当的修改，随着项目的进展和变化，在结构和内容方面进行灵活的调整。通常，研究方案只要没有太偏离最初确定的目标和框架，都可以不断修正。

2. 备用方案

为了应付突发情况，需要准备一个备用方案。例如，有参与者迟到，是否有备用方案可以联系到其他人；现场的录制音频或视频设备无法工作，是否准备了其他的数据收集方式。

3.4 练习题

基于现在某一个游戏，制定一个研究方案，对游戏的新手阶段进行一次可用性测试。研究要发现新手阶段存在的可用性问题，获得用户关于新手阶段的主观满意度。提交的研究方案要包括研究背景、目标、方法、抽样和预期数据等。

知识要点提示：

- 如何确定研究问题；
- 如何选择合适的研究方法；
- 如何设置研究的时间表。

第 4 章 用户体验的抽样

抽样是用户体验分析过程中的关键环节，影响研究结果的真实性和可推广程度。本章介绍抽样的定义、抽样的作用、抽样方法、抽样误差，以及抽样中的伦理和法律问题。

学习目标：

- 理解什么是抽样
- 掌握常用的抽样方法
- 了解抽样误差及抽样中的伦理和法律问题

4.1 什么是抽样

抽样是抽取有代表性的样本来分析总体的情况，它把研究限定在有限数量的研究对象上，能够极大节省研究的成本和时间。适当的样本量是保证样本代表性的前提，应根据研究目的和可用资源的情况来决定实际的样本量大小。

4.1.1 抽样的定义

抽样又称为取样（Sampling），是指从要研究的总体中抽取一定数量的观察单位组成样本，用抽取的样本推断总体特征。例如，我们要研究手机界面的用户使用习惯问题，研究对象就是所有手机用户，但是不可能调查分析每个用户，而只能抽取一定数量的手机用户作为研究对象。研究中所考察对象的集合称为总体，每个具体的考察对象是个体，从总体中选择的一部分个体的集合组成了样本，每个样本中包含的个体数量称为样本量。

抽样是用户研究中普遍采用的一种经济有效的方法，它选择一组能够代表目标用户的对象进行分析和研究，基本要求是保证所抽取的样本对总体具有足够的代表性。在用户体验分析中抽样是一个关键步骤，研究人员可以通过样本的信息来获取总体的情况，而不用去调查所有用户。因为精力、时间和经费的限制，每次用户体验研究不可能把所有目标用户都分析一遍，所以抽取的样本直接影响研究结果的真实性和可推广到总体中的程度。

提示

抽样不是停留在分析抽取的样本本身，而是通过有代表性的样本来研究总体。

小例子

教育评估中的抽样

受国家教育体制改革领导小组办公室委托，西南大学组织了对我国2010-2014年义务教育改革发展情况的系统评估。本次评估的对象是全国所有在校的小学生和初中生，但是从时间和成本的角度考虑，不可能调查到每一个学生。调查中坚持“独立、客观、公正、实事求是”的原则，抽取了全国14个省（区、市）的10万余名中小学生作为样本。结果表明，2010—2014年，每周课时数超过30节的小学比例由39.14%下降到26.82%，每天学生在校时间超过6小时的小学比例由54.53%下降到43.91%，每天写家庭作业时间超过1小时的学生比例由48.70%下降到37.41%，每天体育锻炼时间超过1小时的学生比例由58.32%上升到72.13%。因此，根据抽样调查的结果发现，近5年来，小学生课业负担总体呈下降趋势。

4.1.2 抽样的作用

1. 节省人力物力，缩短资料整理时间

抽样是一种简单和有效的方法，选择一定数量的样本比选择总体中的所有个体要节约更多的时间和精力，特别是总体数量太多时调查所有个体是不可能的任务。例如，对于游戏玩家游戏习惯的分析，理论上可以对每名玩家进行调查，但耗费的时间和资源太多，也不能都得到准确的数据。这时就可以抽取部分游戏玩家作为样本，分析他们的游戏习惯，来了解总体的游戏特征，图4-1所示为样本和总体的性别特征对比。

提示

抽样的单位可以是作为个体的人，也可以是特定的群体或组织。

2. 深入研究，避免损坏研究个体

因为抽样调查需要研究的对象数量较少，对样本的分析比对总体的分析更方便、

实用，所以可以针对个别的研究对象进行深入的分析。有些研究可能会损害或污染研究个体，如医学上的药物实验，这时不可能进行全面的调查分析，而只能通过抽样调查来避免损坏更多的对象。在某些新产品的测试中，用户测试后就获得一定的使用经验，甚至出现对产品的负面看法。测试阶段的版本可能有很多不稳定的功能，造成用户不良的使用效果，这就会给产品接下来的推广和宣传带来负面影响。

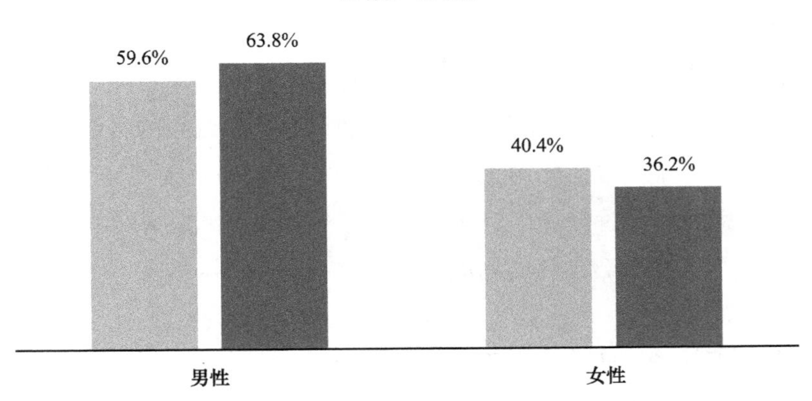

图 4-1　抽样统计

小例子

抽样避免测试中的可能损失

假如一个App现在有两万个用户，又开发了一个新的版本需要进行用户测试，采用A/B测试法。如果不进行抽样，让两万个用户都参与测试，一万人测试版本A，另一万人测试版本B。所有人都参与测试当然能够更全面地发现存在的问题，但这样意味着巨大的人力物力投入、更长的研究时间。更重要的是，如果其中一个版本存在严重的错误，导致用户出现负面感受甚至直接删除应用，那么对测试该版本的一万个用户来说，就会形成严重的差评或用户流失，造成产品在测试阶段就损失了一半的用户。

3．避免研究误差

抽样能提高用户研究资料的准确性和可靠性，使用有限的费用、人力和时间获得更高质量的调查和分析结果。抽样调查过程中会发生一些错误，如抽样误差，但是可以从统计上进行计算并将其控制在允许的范围内，从而使抽取的样本可以反映总体的特征。

4.1.3 样本量

1. 样本量的定义

样本量是每次研究中包含的观察对象的数量。对用户体验分析的抽样，首先要确定抽取多少用户来参加研究。还需要了解产品开发团队和投资人多大程度上能够相信用户体验分析的结论和推荐方案，样本的组成和数量直接影响结果的可推广程度，是建立对用户体验分析结果信任的基础。用户研究人员需要了解和向他人说明为什么选择某个特定的样本量，并提供相关的支持和证据。

（1）定量研究样本量

定量研究，如问卷调查，依据调查的总量和调研期望结果的可信度，使用有效的统计计算来决定样本量。例如，在严格随机抽样的情况下，对百万级别的用户总体，抽取400个样本就能满足置信区间95%的统计要求（即如果用同样的步骤做100次抽样，有95次的置信区间包含总体的均值）。

（2）定性研究样本量

定性研究，如访谈，现在并没有一个被广泛认同的公式来决定其确切的样本量。定性研究是为了获取对某个事物的深入理解。这与定量研究不同，定量研究是为了量化某个事物提供浅层且宽泛的视野。

理论上定性研究没有计算和控制样本量的问题，常根据以前的研究例子和研究人员的经验来判断是否采集和分析了正确数量的数据。在定性研究中，有经验的研究人员能够根据研究对象的实时回应来调整观察或访问过程、进行深度挖掘，收集更多高质量的数据，因此，相比定量研究，定性研究往往使用较小的样本就能达到研究目的。可用性专家、“Web 易用性大师”雅各布·尼尔森（Jakob Nielsen）指出，用户研究中抽取6～8人就能发现产品80%以上的可用性问题。尼尔森建议的可用性测试的样本量是5个用户，在实际的用户体验分析中定性研究的样本量一般为2～5人。

2. 样本量的影响因素

一般来讲，样本量越多，对总体的代表性越好，特别是在样本量较少时这种增益效果更为明显。但是样本量增加到一定程度后，更多样本对提高研究准确性的作用已不显著。样本量超过一定水平后，代表性和准确性的增加可以忽略不计，但抽样成本却显著增加了。例如，在深度访谈中，完成5～10人后访谈获得的信息基本已经饱和，每增加一个新用户所带来的信息极其有限，因此不需增加访谈对象。在用户体验分析的抽样中，并不是追求样本量越多越好。更多的样本量不但意味着巨大的人力、资源和时间的消耗，而且会增加抽样误差发生的概率。

（1）总体同质性

影响样本量的因素中，首先是总体同质性，即研究总体在某一特征的表现都相同。例如，对用户身高的分析中，如果样本的身高都非常接近，那么样本具有同质性；反之，如果身高差异比较大，则同质性较低。总体的同质性越高，研究中越能用较少的样本量来代表总体；反之，如果总体的同质性很低，就需要抽取较多的样本量才能够准确推出总体的特征，并且要保证不同的用户类型都有相应数量的样本作为代表，总样本量也应随之增加。

（2）研究目的

决定样本量的因素还包括对研究准确性的要求，如研究的性质、决策的重要性和数据分析的需求等。特别是在定量研究中，可以使用统计公式依据要求的误差来决定样本量，例如，对置信区间要求越高，越需要更多的样本量。研究目的和性质决定样本量的多少，样本量需要随研究范围的增加而增加。如果研究目的是创造新产品或设计一个全新的方案，就要尽量最大化研究对象的数量和范围；如果研究目的只针对现有产品某个特定的功能，就只需要较少的调查对象。例如，设计一个全新的网上购物App，就应该研究这个流程中的多种用户，包括客户、物流人员、快递员、办公室职员、采购员和经理等；如果只对这个网上购物App的订单界面进行重新设计，只需分析那些使用这个应用订单界面的用户即可。

（3）研究资源

在实际的用户体验分析工作中，抽样多少还必须考虑到时间、经费和人力情况，在成本允许的范围内决定样本量。如果是一个长达数年的用户分析项目，或者拥有大量的预算和很多的人手，自然能选择上百人甚至上千人的样本。而如果只是一个用时8～10周的小项目，经费和人员也不足，就无法收集大量的数据，只能把样本量限定在10人左右。

4.2　抽样方法

4.2.1　典型案例：游戏用户测试的抽样

学习目的：了解抽样的流程。

重点难点：如何保证样本的代表性。

步骤解析：

1．确定研究需求

希望组织一次系统的、完整的用户测试，整体了解用户的游戏体验和目前存在的问题。

2．制定目标

确定研究需要用户的条件：没有从游戏中流失，正在玩现在的产品；角色等级在30级以上，对游戏有比较深的了解；有一定的语言表达能力，能够参加小组讨论。

3．确定规模和配额

确定具体人数、用户需要达到的平均水平、是否需要特例人群，以及用户的分类。

4．抽取样本

通过用户注册时留下的联系方式创建抽样框架，随机抽取规定数量的样本。

案例总结：绝大多数情况下，用户体验分析都无法对全部用户进行研究，而只能选择部分用户，这就需要严格的抽样过程和方法来保证所选择样本的代表性。

抽样过程需要遵循一套严格的程序，一般采用随机原则来抽取样本。抽样可分为随机抽样和非随机抽样，它们有自己的适用范围。

4.2.2 抽样程序

常见的抽样程序包括界定总体、确定抽样框架、选择抽样方案、抽取样本和评估样本质量5个步骤，如图4-2所示。

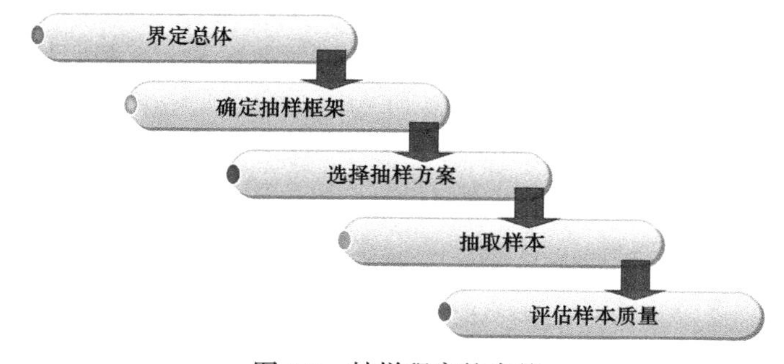

图4-2　抽样程序的步骤

1．界定总体

抽样程序的第一步是明确定义目标群体，这是抽样的前提和基础，即对抽取样本所在的总体范围做出明确的界定。例如，研究淘宝资深用户的网上购物习惯，抽样所在的总体可以定义为每月在淘宝网上购物15次以上的所有用户。同时还要注意的是选取抽样的时间范围，是选取最近一天、一周还是一个月的活跃用户。如果对一个产品用户每天的操作流程都大致相同，就可以天为抽样单位；如果用户行为有明显的分时段或分日期的差异，就要将一周、一个月或更细分的时间段作为抽样纬度。例如，手机游戏的用户在平时和周末的每次在线时间会有很大的差异，不适合只抽取单独某一天的用户行为进行分析。

2. 确定抽样框架

抽样框架是样本所在总体的所有个体的列表，提供被调查对象的详细名单。它是按照已经明确定义的总体范围，列出全部抽样对象的名单，并对名单进行统一编号来创建供抽样使用的框架。

提示

抽样框架是抽样中使用的所有抽样单位的名单，确定了实际的抽样范围。

3. 选择抽样方案

首先确定采用哪种抽样技术，如是随机抽样还是非随机抽样。然后确定该抽样技术下具体的抽样方法，如是简单随机抽样还是分层随机抽样。最后确定抽取的样本量，即样本中所包含的个体数目，一般来说样本量越多对总体的推断就越准确，但相应的调研成本也会上升，所以样本量也不是越多越好。

4. 抽取样本

在确定目标人群、抽样框架、抽样方法和样本量的基础上，抽取样本就是按照所制定的抽样方案，从抽样框架中选取抽样单位来构成样本，从样本中收集需要的数据。

5. 评估样本质量

评估样本质量是对样本的代表性和质量等进行检验和评估，防止抽取的样本偏差过大导致误差。例如，样本与总体的年龄特征对比如图4-3所示。

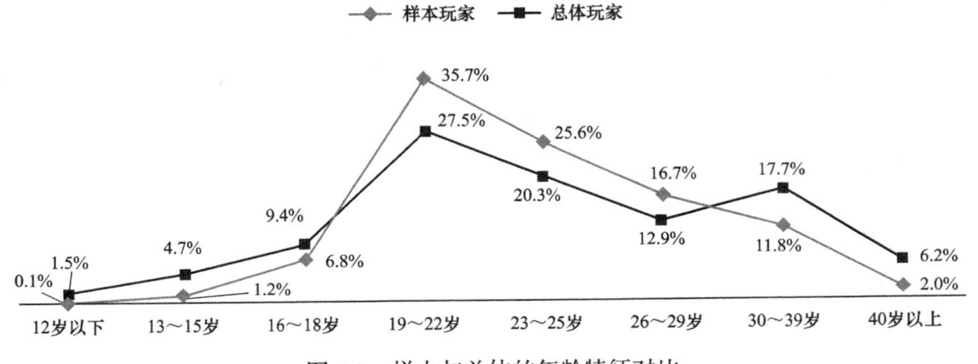

图 4-3　样本与总体的年龄特征对比

4.2.3 随机抽样

在随机抽样中，样本的选择按照随机原则进行，总体中的每个个体都有同等的机会被抽中。随机抽样应避免各种人为因素的影响，创造一个真正代表总体的样本。

1. 简单随机抽样

简单随机抽样（Simple random sampling）又称纯随机抽样，是将总体的全部对象编号后，再用随机数字表或抽签等方法随机抽取部分观察来组成样本。简单随机抽样可以减少选择偏差，每个抽取对象都是完全由随机决定的；简便易行，是最基本的抽样方法，也是其他抽样方法的基础。但是当总体对象数量比较大时，对观察对象一一编号会比较麻烦甚至根本不可能，如全国所有的手机用户。另外，也无法选择真正有效的个体对象，因为所有个体被抽中的机会均等，所以被抽取的对象可能无法提供有效的信息。

2. 分层抽样

分层抽样（Stratified sampling）又称分类抽样，是先按影响观察值较大的某种个体特征，将总体分为若干类型或组别（即“层”），再按规定的比例从不同层中随机抽取一定数量的个体来组成样本。通过分层可以提高各层中个体的同质性，抽取更具代表性的样本。在分层抽样中，研究人员常常根据个体的不同特征，如性别、地域、收入水平、经验和技能等，把总体分成子组，然后从这些子组中抽取样本。例如，在游戏的用户体验分析中，抽样时先依据游戏经验把玩家总体划分成新玩家、一般玩家和老玩家，确保每层的玩家在样本中都有相应的代表。因为没有任何经验的新玩家和有丰富经验的老玩家，对游戏操作、任务难度和奖励设定等，往往有不一样的感受和需求。

分层抽样的优点在于有很好的样本代表性，抽样误差较小，但是过程比较复杂，特别是需要预先对总体的特征有足够的了解。分层抽样下各层样本量的确定，常常采用按比例分层抽样，即每层样本量与该层总体量的比例相等。例如，样本量是100，总体量是1000，那么100/1000=0.1，每层都按这个比例抽取该层样本数。但有时某层的个体在总体中所占比例太小，例如，60岁以上的老年电商用户，按照统一比例抽取可能只有寥寥数人。这时就需要采取非比例分配法，为了使该层用户在样本中有足够的代表，应适当增加该层样本量。

3. 整群抽样

整群抽样（Cluster sampling）又称聚类抽样，是把全体样本先分为子组（也称为群），随机选择一个完整的群作为抽样样本。例如，在全国小学生的上网时间调查中，不是逐个抽取个别的小学生，而是随机抽取若干所学校，每所学校都包括一定数量的小学生，然后对抽取的各所学校的学生进行调查。整群抽样首先将总体划分为R个“群”组（如R个地域等），每个群内都包括特定数量的观察对象，再随机抽取r个“群”来共同组成样本。在整群抽样中，作为抽样单位的不是个体，而是总体的群。

整群抽样的优点在于便于组织，能够节省经费，容易控制调查质量。但是当不同群相互之间差距较大时，整群抽样的误差一般大于单纯随机抽样的误差。整群抽样对各群代表性的要求较高，即群之间差别不大，而每个群内部的差异比较大。

提示

整群抽样中所有的群成员都是研究对象，可以是一个家庭、一个班级、一所学校、一个公司，也可以是一座城市。

小例子

随机抽样减少直播中假货

为了避免当前直播带货中的假货问题，某直播公司组织一批分布在一二线城市甚至三四五线城市的神秘顾客，随机抽样购买自己直播间的商品，从而保证供货商提供的商品没问题。公司负责人认为：“因为是随机的，虽不能保证100%杜绝，但随机抽样已经在很大程度上形成了保障。”

4.2.4 非随机抽样

非随机抽样没有采用严格的随机程序抽取样本，而是研究人员根据自己的知识、经验或判断来选择某些用户作为样本。非随机抽样常常用在定性研究中，带有明显的主观色彩，重在发掘深度的信息而不是统计上的推断和分析。非随机抽样的调查结果可以在一定程度上反映总体的情况，常用于探索性和预备性的研究，但不能从数量上推断总体的特征。

1. 方便抽样

方便抽样是直接把总体中易于抽取的部分作为样本，常常是研究人员将自己在特定场合能够遇到的人作为研究对象。例如，在产品测试中，研究人员寻找身边符合要求的同事参与测试以快速发现问题。常用的“街头拦人”也是一种方便抽样，调查者把一定时间内遇到的每个用户都作为样本的一部分。方便抽样是一种最简单易行的抽样方法，节省时间和资源，但受偶然因素影响太大且无法保证较好的样本代表性。

2. 配额抽样

配额抽样是根据预先确定的某个特征把总体分成不同的群，决定各群的样本量后，再按照配额在各个群内主观抽样样本。在总体中的各个小群差异比较显著，当需要保证每个小群在样本中都有一定数量代表时，就需要采用配额抽样。配额抽样与分层抽样有相似之处，都是先把总体分成不同的层或群，然后分配各层或群的样本量；二者区别之处在于分层抽样各层样本的抽取是随机的，而配额抽样各层样本的抽取不是随机的，而是按照研究人员的主观判断进行的。配额抽样的成本比较小，易于组织实施，但是因为被试者不是随机抽取的，容易产生偏差。

小例子

游戏玩家的配额抽样

假设某手机游戏有50000名玩家，其中男玩家占80%，女玩家占20%；新玩家、一般玩家、老玩家分别占50%、40%和10%。现要用配额抽样方法依上述两个用户特征抽取一个规模为500人的样本。依据总体的构成和样本配额，可得到表4-1。

表 4-1 游戏玩家的配额抽样

总体	男玩家（400）			女玩家（100）		
经验	新	一般	老	新	一般	老
配额	200	160	40	50	40	10

3. 判断抽样

判断抽样也称选择性抽样，是根据研究人员自己的判断，从总体中选择那些最有代表性的个体作为样本。判断抽样需要研究人员非常熟悉研究领域和研究对象的总体，从中挑选最适合研究的调查对象。当总体规模不大且内部差异明显时，常常采用判断抽样。判断抽样简单易行，抽取的样本比较乐于配合，资料的回收率较高，但容易导致抽样误差。

经验

研究人员非常熟悉研究总体情况时，判断抽样也有较高的代表性。

4.3 抽样误差

1. 什么是抽样误差

抽样误差是由抽样变动或抽样方法本身造成的误差，表现为所估计的样本平均数与总体平均数之间的偏差。抽样误差造成没有代表性的样本，从而导致计算的观察值平均数系统地低于或高于总体的真实平均数。

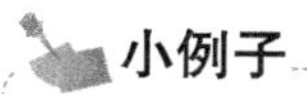

小例子

网络调查的抽样误差

假如想了解用户对某个App产品注册功能的使用情况，通过App内的链接投放了问卷，抽取部分用户对注册功能进行评分。但是，在问卷投放期间用户才能看到该问卷，对那些隔很久才会登录一次的用户来说，很难有机会发现问卷并进行回答，所以回答用户提供的评分的平均数，可能与所有用户的评分的平均数有差异，这就是抽样误差。

2. 抽样误差的控制

抽样误差是不可避免的，只能尽量将其控制在研究可接受的范围内。

（1）样本量

在同等条件下，样本量越多，可能的抽样误差越小；样本量越少，抽样误差越大。因为随着样本量的增加，样本对总体的代表性也增加了，在结构上更接近总体的特征。

（2）总体的同质性

总体的同质性越高，抽样误差越小。总体的同质性高，表示个体之间的差异小，那么所抽取的样本与总体之间的差异也不会很大。

（3）抽样方法

随机抽样的误差小于非随机抽样，随机控制原则保证了较高的样本代表性，意味着样本与总体的差异小。

提示

抽样误差越大，抽样的代表性越不可靠，抽样结果越不能代表总体。

4.4　抽样中的伦理和法律问题

1. 用户权利

用户体验分析的研究对象都是人，在抽样过程中需要考虑相关的伦理和法律问题。2016年，国家卫生和计划生育委员会发布和实施的《涉及人的生物医学研究伦理审查办法》中规定，在以人作为被试者的研究中，必须获取被试者的知情同意，研究人员应当向被试者说明研究目的、可能遇到的风险和不适、保密范围和措施及发生损害时的赔偿等。在有些研究项目中，因提前告知研究内容可能影响被试者对问题的作答，从而影响研究结果的准确性，研究人员可以在作答完成后再告知被试者研究目的并获得知情同意书。

知情同意书一般包括以下这些内容。

（1）研究目的

本研究的目的是什么，需要测试和收集用户哪方面的能力和反应。例如，“本研究的目的只是测试用户界面是否易于学习和使用，帮助我们更好地设计和改进相关用户界面，不会对您的知识和能力进行任何测试”。

（2）测试过程的说明

对研究进度和过程的解释，包括研究中将收集哪方面的数据，需要用户做出什么反应和行为。例如，“测试中，研究人员将会观察您使用界面的过程，测试结束后还要邀请您填写一个简单的问卷调查，这些数据都将用来帮助我们改进相关的设计”。

（3）数据使用声明

解释研究中收集数据的使用和保密措施，取得用户的同意才可使用相关的数据和视频图像资料。例如，“研究中所收集的数据和资料将只用于研究和改进产品的目的，并且都会是匿名的”。

（4）退出自由

向被试者说明他们参加研究完全是自愿的，随时可以中止和退出测试。

2. 保密协议

对一些尚在开发和测试中的产品来说，如果相关信息泄露，就会对产品发行造成潜在的损害。在用户体验分析中，可以要求被试者签署保密协议，同意保守秘密且不把产品的信息透露出去，对其所经历的一切研究环节和相关信息都要保密。

4.5 练习题

为了研究大学生的手机使用情况，制定一个抽样方案，抽取一定数量的大学生手机用户作为研究样本。

知识要点提示：

- 界定研究总体；
- 决定样本量；
- 选择合适的抽样方法。

第 5 章

访 谈 法

访谈法是目前常见的一种用户体验分析方法，属于定性研究方法。本章介绍访谈法的定义和分类、访谈设计与执行，以及影响访谈效果的因素。对访谈中的步骤和环节，结合数字媒体设计中的实例加以解释，并给出了使用访谈分析和评估用户体验时的注意事项。

学习目标：

- 理解访谈法的定义
- 了解访谈法的分类
- 掌握访谈法的设计和执行方法
- 了解影响访谈法效果的因素

5.1 访谈法的定义和应用

5.1.1 什么是访谈法

1. 定义

访谈法（User interview）是在一定研究目的的指导下，按照预先编制的访谈提纲，访谈者通过与受访者交谈来收集他们的特征、态度和需求方面资料的一种研究方法。作为一种科学的用户分析和研究方法，访谈法在设计、执行和结果分析上有一套自己的原则和程序。访谈法是用户体验分析中最常用的方法之一，也是各种定性研究方法的基础，能够方便而直接地收集多方面的用户信息和反馈。

2. 特点

（1）访谈法的互动性

相比于其他用户体验分析方法，访谈法的显著特点是互动性，它通过访谈者和受访者双方的直接交流和互动来实现。访谈所获得的资料不是访谈者单方面从受访者那里收集的，而是双方共同交流和互动的结果，双方的角色、表现和动机都会影响访谈的效果。访谈者要按照受访者的状态、反应来提问和调整流程，受访者也会根据访谈者的态度和语气来回答问题，访谈过程和交流风格是双方共同构建的。

（2）访谈与类似活动的区别

访谈法是一种双向度和互动性的点对点定向沟通，访谈者和受访者点对点交流，两者之间会有持续的互动和反馈。访谈法作为一种用户研究方法，与日常聊天等活动相比有很多区别。聊天没有特定的议题和方向，比较松散和缺少目的性，着重于情感上的倾诉和宣泄。例如，日常聊天的前后两个问题之间可以没有任何联系，人想到什么就说什么。

演讲是一种点对面的沟通，演讲者的目的是动员和说服听众。常见的新闻访问则是单向沟通，一般只是记者来获得采访对象的信息和观点。表5-1归纳了不同活动的特点。

表 5-1　不同活动的特点

活动	特点
聊天	轻松的无定向沟通，宣泄性
演讲	点对面的沟通，单向度，鼓动性
访问	点对点定向沟通，单向度，获得性
访谈	点对点定向沟通，双向度，互动性

3. 优缺点

（1）访谈法的优点

① 访谈法的优点是适用面广，可以应用于不同的目标用户和研究问题。例如，访谈法没有对受访者文化程度的限制，即使是儿童或有阅读障碍的用户也可以作为受访者。

② 访谈过程十分灵活，特别是非结构化访谈，可以根据受访者的反应随时增加或调整问题，更全面地了解情况。访谈法尤其擅长于收集受访者的经验、感受、情感和价值观等主观性的内容，分析他们的态度和意见，受访者直接表达自己对特定事物的观点和感受。

③ 访谈法适合了解深层的结构和信息，它的深度、细节和丰富程度是其他用户分

析方法难以达到的。在访谈过程中，研究人员通过和用户的面对面交流，能够观察和收集他们表情、动作和肢体语言等许多非语言方面的行为信息。这样除口头表达的内容外，访谈者还可以更深入地了解受访者，以及判断他们的说法是否可信和全面。

小例子

视频广告皮肤电测量后的用户访谈研究

通过量化测量的皮肤电技术能快速定位到用户的反应高峰。在一项研究中测量用户观看视频广告时的皮肤电反应（Galvanic Skin Response，GSR），分析最刺激的情绪反应出现在哪里。但皮肤电的数据无法回答用户出现反应高峰的原因是什么，到底激发了哪些情绪，可能是积极情绪的快乐，也可能是消极情绪的焦虑。因此后面要通过访谈法，边回放视频边帮助用户回忆，深入询问用户在出现这些皮肤电反应时看到的内容及当时的感受。

（2）访谈法的缺点

① 访谈法需要投入较多的时间和精力，访谈中的每一个环节，包括设计访谈提纲、执行访谈、整理和分析访谈记录，都需要预留出足够的时间和人力。例如，用户的招募、筛选、沟通都需要花费时间和人力，有时还要付给他们报酬。如一对一的访谈，每次可能耗费一个小时甚至以上的时间，所以访谈数据的样本量都不多。

② 访谈的执行过程对访谈者的技巧和经验有一定的要求。如果访谈者事先没有接受足够的访谈技巧训练，他们的态度、语气和提问方式等都可能影响受访者的回答，导致访谈结果出现偏差。在访谈中，如果受访者缺乏兴趣或有顾虑，也可能会故意回避或隐瞒自己的真实看法，特别是对一些敏感性问题。

③ 访谈结果的整理和分析也较复杂，涉及众多文字资料的分类和归纳、难以进行量化的对比和分析。

提示

访谈法擅长探究事件发生的原因（why），而不是发生了什么（what）。

5.1.2 在数字媒体用户体验分析中的应用

1．用户访谈与设计

以用户为中心的设计，核心就是要辨别用户面临的真正问题，了解用户背后的核心需求。在体验经济时代，与用户合作是设计工作最重要的准则之一，而用户访谈是与用户合作的一种非常好的方式。它可以定位和调查用户特征，分析用户的使用习惯和需求，也可以收集用户的意见和反馈，以及面向目标用户测试产品的新功能。

访谈法普遍应用于数字媒体的概念设计、产品预演和用户体验分析中，目前还较少涉及产品的推广、销售和宣传层面。通过用户访谈，我们可以获得用户对产品的看法、认知和态度方面的信息，了解怎样设计才能更好地满足用户的需求。特别是在项目研发的初期，在初步想法形成后就可以通过用户访谈来验证和收集反馈。

2. 应用范围

（1）验证产品原型

在产品的立项和预演阶段，访谈法能够收集目标用户反馈，验证产品的概念和设计方案。原型验证不是测试具体产品的某些特定功能，而是用户对某个产品整体概念的接受程度。通过访谈，我们可以深入了解用户当下解决相关问题的方法和使用习惯，如用到了什么产品、为什么要用、每天使用时间、在哪里使用、和谁一起使用等。访谈中揭示的用户反馈和生活习惯，能够帮助设计师及时验证和修改自己本来的方案，开发出用户真正想要的产品。

经验

在产品设计前，就可以开始用户访谈研究。

（2）了解深层信息

访谈法在探索性和深入性方面有独特的优势，可以用来了解现象产生的背景和原因。在用户体验分析和产品测试时，访谈法可以研究用户的直接感受，帮助产品开发人员和设计师了解深层次的信息。通过定量分析方法的问卷调查或其他数据，往往能够获得关于发生了什么的信息，例如，用户对某个具体功能满意度很低。但是定量研究无法深入了解用户做出某种行为的具体原因和场景，一般还需要结合定性研究来解释数据所反映的事实。

（3）激发设计创意

在产品设计和开发过程中，设计师常常无法接触用户，容易仅从自己的主观判断和感受出发做出设计决策。访谈法能够使设计师直接面对目标用户，听取他们的感受和反馈，从而有助于设计师调整自身的看法，突破他们主观判断的局限。通过访谈获得信息，紧密结合产品的设计和开发过程，能够为设计决策提供依据和反馈，激发设计创意。

小例子

访谈法改变了游戏设计师的看法

在道具收费模式的游戏刚面市时，传统时间收费游戏的设计师相信这破坏了游戏的公平性，认为免费玩家会嫉妒那些付费玩家可以快速升级和获得强大的装备。

这种看法从逻辑和感性上来说都是合理的，因为传统的时间收费模式最重要的就是游戏的平衡，如装备、等级、职业和技能等，需要每个玩家的起点和进度都是公平的。如果有人付费就可以快速超过其他玩家，其他玩家可能会感到气愤和沮丧，甚至直接放弃游戏。但是通过访谈发现，玩家其实认同付费提升能力的模式，也不认为这会破坏游戏的公平性。特别是付费玩家和免费玩家经常合作来完成任务，共同组队和加入公会，免费玩家有时甚至认为付费玩家对自己有很大的帮助。当游戏设计师听到玩家对付费模式和购买游戏装备的意见后，他们原来想当然的看法就改变了。

5.2　访谈法的分类

根据不同的标准可以把访谈法划分成多种类别，按照问题的组织形式可分为结构化访谈、非结构化访谈和半结构化访谈，按照问题的深入程度可分为普通访谈和深度访谈，按照访谈对象的人数可分为个体访谈和焦点小组访谈，按照访谈途径可分为面对面访谈、电话和网络访谈。

5.2.1　结构化访谈、非结构化访谈和半结构化访谈

1．结构化访谈

结构化访谈是正式的、标准化的访谈形式，事先准备访谈提纲和一系列指导规则，问题形式、提问的顺序和回答方式都有固定的程序。访谈者主导整个访谈的方向和步骤，用户招募、问题设计及其编排、访谈执行、资料记录和整理都高度标准化，对所有受访者都按照同样的流程回答同样的问题。结构化访谈流程标准和严密，访谈者容易组织和控制整个过程，也便于分析和对比访谈结果。但是标准化的问题和流程可能会限制受访者的作答，导致遗漏一些有价值的信息，也容易让受访者感到拘束和顾虑。结构化访谈常常用于验证性研究，即已经形成了初步的特定假设或结论，通过访谈收集更多的数据，确认该问题或现象的普遍性程度。

2．非结构化访谈

非结构化访谈是一种非正式的、自由提问和回答的访谈形式。非结构化访谈没有标准化的程序和固定的问题，访谈者只起引导和辅助的作用。它更接近日常的对话，鼓励受访者尽量用自己的语言进行描述和表达看法。非结构化访谈使用开放式的问题，

让受访者自由回答，了解受访者看问题的角度和对意义的阐释，还可以灵活地加入新的问题。访谈中问题和问题顺序都不固定，访谈者可以根据情况进行适当处理和调整，这对访谈者的技巧和其对访谈问题的熟悉程度依赖比较大。非结构化访谈一般用于探索性研究，收集足够的定性资料，为后续的深入研究构建框架和假设。

提示

很少有访谈会完全属于结构化访谈或非结构化访谈，一次访谈中常常既包括结构化问题又包括非结构化问题。

3．半结构化访谈

半结构化访谈介于结构化访谈和非结构化访谈之间，要求受访者自由地回答预定的问题，或者以有结构的方式回答无结构的问题。半结构化访谈中，访谈者对访谈问题和过程有一定的控制作用，同时允许受访者的积极参与，整体访谈过程是访谈者和受访者共同构建的结果。半结构化访谈事先只对访谈进行了部分准备，以粗略的1～2个主题来确定访谈的范围，要依靠访谈人在访谈过程中进行较多的调整和改进。

结构化访谈设置了一系列编排设计的问题，不允许访谈过程中转移话题和改变问题顺序。而非结构化访谈和半结构化访谈则更灵活，可以根据具体的受访者情况去调整问题、提问顺序和提问形式，访谈者可以有机会发现新问题并有针对性进行访谈。半结构化访谈可以避免结构化访谈的缺乏灵活性和难以深入的局限，同时也不会像非结构化访谈那样不好控制。表5-2归纳了结构化、半结构化和非结构化访谈的特点。

表5-2　结构化、半结构化和非结构化访谈的特点

结构化访谈	半结构化访谈	非结构化访谈
• 设计好问题的措辞 • 预先决定问题的顺序 • 口语化问卷	• 部分含有组织好的问题	• 开放式问题 • 灵活的、探测性的 • 多趋向于谈话形式

5.2.2 普通访谈和深度访谈

1．普通访谈

普通访谈一般都是结构化访谈，使用预先设计好的口头化的问卷进行。在访谈过程中，访谈者依据访谈提纲逐一提问和记录，受访者按要求回答。这种访谈的单次访谈时间比较短，适合快捷简单地了解用户，特别是对用户背景和特征的调查，如他们

的性别、年龄、职业和产品使用情况等。但是访谈中结构化的提问限制了受访者的选择和作答，收集到的资料深度不够且比较表面化。普通访谈需要招募较多样本量的用户，才能获得有一定代表性和普遍性的结果。

2. 深度访谈

深度访谈（In-depth interview）属于非结构或半结构化访谈，采用一对一的非引导式访谈形式，让受访者用自己的语言表达感受、态度和行为习惯。它选用少量样本对有代表性的目标用户进行深入的研究。深度访谈是在有限的几个问题点上进行挖掘和突破，由访谈者引导交流的过程，让受访者自由回答，目的是最大限度地获得受访者的想法、经验和感受等主观方面的信息。

深度访谈是一种高强度的信息交换过程，持续推动受访者去回忆、思考和表达。在这个过程中，访谈者和受访者通过语言、动作和表情，面对面进行充分的互动和交流。深度访谈通过建立访问者和受访者之间平等、信任、合作的关系，对用户内心的信念、态度和期望进行深度的挖掘。深度访谈针对性强，能够获得有深度的资料，收集的信息也更真实、丰富和有效。

但深度访谈的组织和执行成本比较高，特别是对访谈者的经验和技巧有更高的要求。另外，因为深度访谈在一定时间内能完成的样本量有限，访谈结果的普遍性很大程度上依赖所用样本的代表性。

提示

普通访谈和深度访谈对样本量有不一样的要求。

5.2.3 个体访谈和焦点小组访谈

1. 个体访谈和焦点小组访谈的特点

普通访谈都是一对一的个体访谈，焦点小组（Focus group）则是一种小组讨论的访谈形式，由一个主持人领导一个小组讨论某个特定的主题。它基于群体动力学原理，受访者之间的观点会相互影响，从而获得更多小组成员的感受、看法和意见等。焦点小组访谈要预先确定好1～2个本次讨论的主题，即访谈焦点，例如，为什么放弃使用我们的产品？使用过程中有哪些不满意的地方？

焦点小组不等于一对多的访谈，除访谈者与受访者的交互外，还有受访者他们自己之间的交流和碰撞。小组中每个受访者的回答和反应都会影响和刺激到其他人，从而可以观察受访者的相互作用，产生比同样数量的受访者单独访谈时更多的信息。焦点小组一般包括6～10个受访者，在1名主持人的引导下深入讨论某个特定的主题或观念。人数太少会限制交流，而人数太多又会导致组织和交流上的困难。小组群体动力学所推动的互动是访谈成功的关键，小组成员之间要确保相互不认识，以免影响观念的表达。群体动力学指出，有他人在场时，个体的思想和行为与单独一人时有所不同，会受到别人的影响。

注意

焦点小组访谈不是简单的多个个体访谈的叠加，更重要的是其中的集体讨论。

2. 焦点小组访谈的主持

焦点小组的主持人负责提问和控制整个流程，同时可以邀请设计师、产品开发人员和用户研究人员参加，来听取受访者的意见和看法。主持人本身的提前准备和对主持人的培训是非常重要的，要能够自如地组织小组的讨论，并随时处理群体访谈中可能的突发状况。焦点小组的主持人要采用中立的态度，不能让自己的判断影响受访者的表达和意见，同时要营造自然交谈的氛围，以形成群体动力。主持人除了提出访谈问题，更重要的是引导受访者之间的提示、辩论、启发和深化。

经验

焦点小组的主持人要尽量记住小组中每个人的名字。

3. 焦点小组访谈的优缺点

焦点小组访谈的优点在于受访者之间的讨论和交流能够促进大家深入思考，获得深层次的想法。但是焦点小组的组织成本比较高，特别是对受访者的招募和筛选有更严格的要求，需要保证他们的同质性，否则相互之间无法交流观点。例如，同样是游戏玩家，新玩家和老玩家在很多体验和看法上存在巨大差异，无法把他们放在一起讨论和访谈。这要求维持小组成员在一两个特征上的相似性，同时也保持其他背景的多样性，如性别、年龄和职业等。

因为是小组讨论，个人还会受到群体压力的影响导致出现从众心理，有时碍于别人的感受而不敢表达出自己的真实想法和不同的意见。如果小组里受访者的意见分歧比较大，对问题常常不容易达成最后的共识。

小例子

《精灵传说》游戏开发中的焦点小组访谈

《精灵传说》是网易公司的一个大型商业游戏项目，为了分析玩家的生活习惯和对游戏的意见而组织了焦点小组访谈。先从游戏的注册用户中筛选一批角色高于

20级的玩家，经过电话邀请和确认，最后有8人参与。访谈中有主持人1人、记录员1人、游戏制作人和游戏设计师共6人列席访谈。记录员现场对整个访谈过程进行速记，访谈后整理成文字资料形成正式的访谈报告，发送给游戏开发团队。

焦点小组访谈收集到很多有价值的信息。例如，在设计游戏任务和玩法时，游戏策划倾向于设计紧张刺激的任务和战斗，尽量吸引住玩家的注意力。但是在访谈时，玩家反馈他们不希望战斗过程太紧凑，反而想有时能暂停去处理如打电话等其他事情。

5.2.4 电话和网络访谈

1. 电话和网络访谈的兴起

传统的访谈都是面对面进行的，电话和网络访谈能够突破空间的限制方便地进行远程访谈。网络访谈一般使用QQ或微信等工具完成，即进行文本、语音或视频聊天形式的访谈。如果通过计算机或手机打字的方式交流信息，聊天记录便于保留和整理，但是聊天效果受到双方打字速度及准确程度影响。

2. 电话和网络访谈联系用户的技巧

电话访谈的过程也必须规范化，不能像日常聊天“喂，你好”“喂，我们是……”那样，用户表示不方便接听时可以表示随后再联系。电话和网络访谈需要事先筛选初步的用户样本，看他们是否符合目标用户的特征，如近期是否使用过特定的产品和服务。过程和普通访谈类似，访谈者边交流边进行记录，遇到比较模糊的回答随时向用户澄清和确认。

电话访谈的开场和结尾

开场：

“您好，请问您是否正在玩xxx游戏？我是xxx用户体验部门的工作人员。为了更好地服务用户，能否邀请您抽出10分钟的时间，谈下玩xxx过程中的感受和体验？我们希望能够将您的宝贵意见，作为xxx开发和改进的参考建议。”

结尾：

“感谢您接听这次电话，您所提供的信息对我们有很大的帮助，我们会在后续的开发中不断完善产品品质，感谢您的支持，这次的电话访谈就到这里了，祝您生活愉快，再见！”

3. 电话和网络访谈的优缺点

（1）电话和网络访谈的优点

① 方便快捷，可以很大程度上降低成本。

② 突破距离上的限制，帮助联系到不易接触的用户作为访谈对象，特别是现在电话和网络的普及程度极高。

③ 因为没有面对面的交流，访谈过程中访谈者的主观影响会小得多，可能获得比较坦诚和真实的回答。

（2）电话和网络访谈的缺点

① 电话和网络访谈仅能通过言语资料了解用户，缺少了行为数据的观察，访谈的深度往往不够。

② 通过电话和网络的聊天不利于建立融洽的交流关系，过程可能显得过于拘谨和生硬，不能敞开去谈相关的话题。

③ 网络访谈中使用聊天软件要用书面语言持续进行文字输入，这虽然便于访谈资料的收集和分析，但是交流的效率会比较低。

④ 电话和网络访谈也对访谈者的语言和表达能力有更高的要求，因为无法通过面对面的交流和行为动作来建立信任关系，激发用户的表达积极性。

5.2.5 主要访谈法的适用范围

在实际应用中，应该根据研究目的、访谈对象及项目的时间和经费要求，来选择不同的访谈形式，需要时还可以在研究中结合多种访谈形式。表 5-3 归纳了几种主要访谈法的特点和适用范围。

表 5-3 主要访谈法的特点和适用范围

类型	普通访谈	深度访谈	焦点小组访谈	电话和网络访谈
样本量	中等	少	中等	中等
成本	中等，对受访用户有一定要求	较高，对用户类型有要求，且单位时间内能进行的人数较少	较高，需要寻找同质化的用户群体	中等，需筛选受访用户
深度	中等，用户思考和作答有一定限制，难触及深层次想法	深，通过双方互动交流来对对方的想法进行深入的了解	深，通过用户的相互影响激发用户深层次想法	浅，仅能通过语言交流，效果受制于用户与环境
适用范围	适合快速地对用户想法进行初步调查，比较灵活，可长期或不定期进行	适合选择少量用户进行深度挖掘、深入了解一些个案情况，研究比较敏感的话题	适合对用户需求进行分析，对一些重要特征进行评估，能够全方位了解用户对产品的态度	适合访谈外地用户，确认一些从焦点小组或深度访谈中获得的已知问题，可长期或不定期进行

5.3 访谈设计与执行

5.3.1 典型案例：一次用户访谈的流程

学习目的：了解用户访谈的一般流程。

重点难点：如何快速打开局面来营造交流的气氛。

步骤解析：

1. 问候受访者

（1）“您好，xxx（受访者的名字），很高兴认识您。”

（2）“多谢您能参加我们的此次访谈。”

2. 访谈者介绍自己

（1）“我是xxx（访谈者姓名），这是我的同事xxx（访谈者姓名，如果有多个访谈者），是xxx公司的用户体验研究员。”

（2）“我们的工作是了解用户和收集他们的意见，按照用户的反馈改进和设计更好的产品、服务。”

3. 项目介绍

（1）“今天我们要讨论的是xxx产品，我们想了解您怎样使用xxxx，又有什么问题和困难。”

（2）“整个访谈会占用您大约xx分钟的时间。”

4. 让受访者介绍自己

“您能不能简单介绍下自己。”

5. 签署同意书

（1）“为了便于资料记录和整理，我们的谈话会进行拍照/进行录音/进行录像。这些记录的资料会严格保密，您的回答只用于产品的分析和研究，使用时会采用匿名处理。”

（2）“现在能不能请您先签署一份受访者协议？”

6．正式开始

（1）“在我们开始访谈之前您还有什么问题要问吗？”

（2）“再次谢谢您，让我们开始第一个问题吧。”

7．结束和感谢

（1）“访谈就要结束了，您有什么问题和意见吗？”

（2）“感谢您参加我们的访谈，祝您生活愉快，再见！”

案例总结：用户访谈不是普通漫无目的的闲聊，简单问他们喜欢什么和不喜欢什么。它源于特定的研究目的，按照严格设计的方案进行，深入发掘用户遇到的问题和背后的需求。

用户访谈一般包括4个基本步骤：提纲设计、用户招募、访谈执行和资料分析。这几个步骤是一个迭代和反复的过程，可以根据反馈和需要循环进行修改和调整。为了保障访谈的顺利进行和所收集资料的质量，要认真设计每个环节，特别是对访谈者事先进行严格的培训。

5.3.2 访谈提纲的设计

1．确认访谈需求

（1）访谈需求的来源

访谈之前要先确定产品设计和开发团队的需求，了解他们期望通过访谈获得的信息和需要解决的问题。再把这些需求分解和具体化为不同的访谈问题，加以编排和润色后建立正式的访谈提纲。对于产品方面用户体验分析的期望，要了解其关键点是什么、有没有可行性，包括了解用户背景、产品的使用环境和使用习惯、对产品的评价和期望等。

小例子

了解设计师和开发团队访谈需求的常用技巧

“目前遇到了哪些困惑？”

“有什么东西是拿不准的？”

“为什么要做这些研究？”

“做这个访谈研究有什么背景？”

“访谈的结果打算怎么应用？”

还有的需求来自定量研究已经发现的一些情况和假设，如问卷调查和用户数据，需要通过访谈进一步探索特定的现象及其背后的原因。同时针对产品要解决的问题，进行一些文献综述研究和实地考察，查找相关方向上有什么研究经验，帮助设计访谈的理论架构和问题。图5-1归纳了访谈需求的来源。

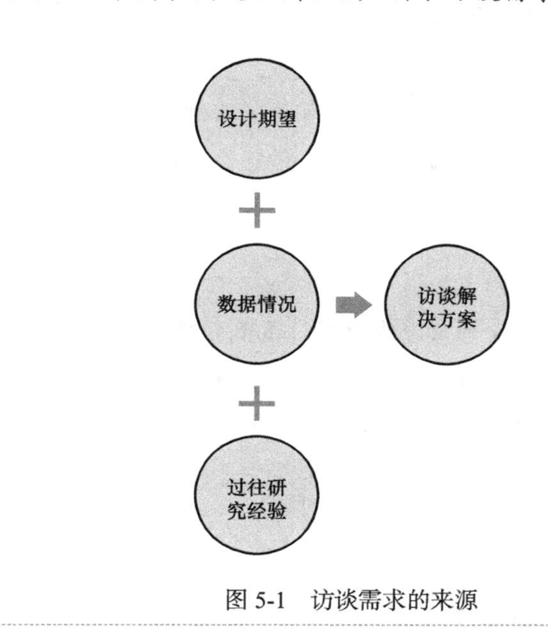

图5-1 访谈需求的来源

（2）访谈需求的类别

① 用户定位指分析产品用户的分布和特征，包括用户是谁、属于什么群体、有什么生活和购买习惯等。

② 产品验证是指新产品的原型验证，如用户是否需要该产品、他们现在是怎么解决问题的。

③ 可用性测试是指查找用户面临什么问题，对产品整体或部分特征的满意度如何。

④ 竞争产品分析是指了解市场上的类似产品，如用户使用过哪些产品，这些产品帮他们解决了什么问题，又有哪些问题尚没有解决。

2．访谈问题的编排

（1）问题的顺序

访谈问题的编排要从一般到具体、从较大的问题到较小的问题，中间自然过渡。开始阶段的问题用来活跃气氛、介绍背景，激发受访者的兴趣以创建融洽的交流。最重要的问题放在中间，此时受访者积极性比较高且没有疲劳，适合进行关键的交谈和沟通。敏感和容易导致负面情绪的问题放在最后，否则受访者可能拒绝回答或在开始就产生抵触情绪。

访谈问题的用词尽量通俗易懂，避免使用过多的专业词汇，要保证不同文化水平和对产品了解程度不一样的受访者都能理解。问题的描述也不要太复杂和过长，否则容易让受访者无法理解和分神，导致访谈者不得不花额外的时间来解释。

技巧

询问用户将来愿不愿意购买产品，他们可能不好意思当面说不，只是习惯性地回答“也许”或者“会的”。对这类问题最好采用迂回的方式，如“你是否愿意把产品推荐给朋友购买？”。

（2）问题的数量

一般访谈的时间要控制在1小时以内，具体的问题数量取决于访谈目的、产品的复杂程度和分析问题的范围，既要避免访谈过于冗长而让受访者感到疲倦和厌烦，也要避免问题太少而遗漏了重要的信息和资料。在访谈中，可以把问题模块化和个性化，根据受访者类型使用不同的问题，从而避免访谈过长。

（3）问题的追问

在访谈中，大部分问题都有不断跟随与递进、层层剥开的一个过程。特别是在结构化访谈中，对每个问题都要预测受访者的回答和反应，再根据用户回答的不同情况设计下一步的追问和探询。通过反复问为什么可以探究问题的根本原因，了解受访者的使用习惯和流程，发现其中缺少哪些功能。访谈者也不要把几个问题放在一起问，导致受访者选择性回答，同时也分散了访问者追问的集中度。如图5-2所示，在用户体验访谈中，从产品的一般使用情景到背后的原因，到与其他因素的联系，再到对产品的期望是一个不断探询的过程。

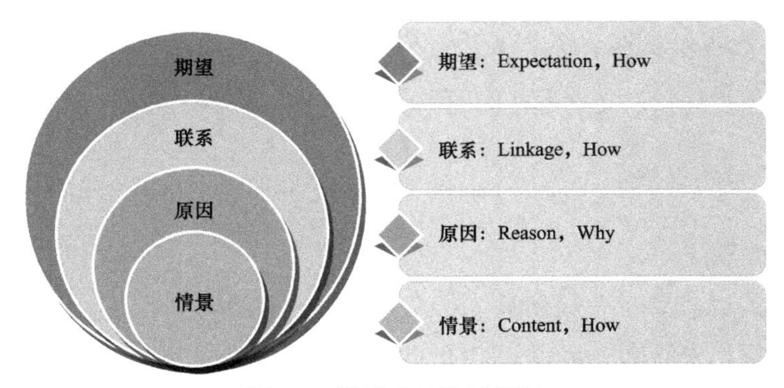

图5-2　访谈中的逐层探询

小例子

访谈中的追问

问：您怎么衡量游戏的品质？

答：我认为可玩性是最重要的。

问：那么您说的可玩性是指什么呢？

答：玩法与画面都要包括在内。

问：您说的玩法是指什么？

答：背景故事、人物角色、任务。

问：具体来说，游戏任务哪些地方让您感到不满和困难呢？

3．访谈提纲的结构

（1）什么是访谈提纲

访谈提纲规划访谈的目的和要获得的信息，列出访谈内容和提问的要点等。访谈提纲不仅能指导访谈者和组织提问，防止遗漏重要的信息，还有利于访谈记录和后续的结果整理工作。每次访谈都按照同样的访谈提纲，也提升了访谈结果的可信度和可靠性。

（2）编制原则

访谈提纲要紧密围绕访谈目的和需求，做到详细和缜密，提问的问题有一定的逻辑性和层次性。整个提纲要简洁明了，不能过度冗长，先根据访谈目的规划出提问的几个大方向，再在每个方向下细分具体的子问题。一般先从受访者的背景和基本信息入手来打开局面，中间用开放性的问题让受访者充分表达自己的意见，最后逐步收敛，询问敏感的问题。

（3）预访谈

访谈提纲完成后，在正式访谈开展前可以选择少量受访者进行预访谈，预访谈的受访者应与正式访谈的对象尽可能类似。通过预访谈检查访谈的问题设计是否合理，以及受访者是否能理解和回答。注意记录让人困惑或无法收集到信息的问题，从而在正式访谈前进行调整和修改。同时也可以向相关专家请教和咨询，听取他们的意见来完善访谈提纲。

小例子

一份访谈提纲的框架（见表5-4）

表 5-4　一份访谈提纲的框架

访谈目的	了解xxx产品xxx系统的用户使用习惯和满意度
访谈形式	焦点小组访谈
访谈对象	使用xxx产品半年以上的用户
访谈者	xxx
记录者	xxx
访谈时间	xxxx年xx月xx日
访谈地点	xxx会议室
提问提纲	开场语 问题1 问题2 … 结束语

5.3.3 访谈用户的招募

1. 目标用户群

（1）外部用户

访谈首先要根据研究目的去选择我们期望的目标用户。如果是已经在线运营的数字产品，就可以从用户的注册和登记数据中招募访谈对象。当访谈目标是发现产品中的问题时，就需要寻找正在使用该产品的活跃用户或已经流失的用户。先对产品平台的用户数据进行筛选，通过行为日志定义满足特定要求的用户，如游戏角色等级30级以上的玩家，再通过用户登录时留下的联系方式来联系他们。

而处于概念设计或开发阶段的产品，因其还没有用户群，就需要通过其他渠道招募访谈用户。此时需要的是产品的潜在用户，即符合产品定位的用户群体，或者市场上竞争产品的用户。对于这些用户，可以通过网络问卷招募或者亲友推荐等，如同学或朋友引荐和帮忙邀约、产品网站或论坛上的招募等。

（2）内部用户

一般的产品功能访谈，可以先邀请公司内部符合目标用户特征的同事，这样用户招募和沟通的成本较小。特别是一些未发布的产品或服务，用公司内部同事作为访谈用户，有利于产品信息的保密。对公司内部的用户，通过同事介绍或者内部邮件沟通来安排即可。

注意

内部用户在代表性上会有局限，尽量再结合外部用户做进一步的研究。

2. 用户筛选和确认

（1）用户筛选

确定好联系哪些用户后，下面要通过电话或问卷进行下一步的筛选和甄别，标准包括一般的人口学特征及具体的产品使用情况。人口学特征包括性别、年龄、职业、教育程度、居住地、收入水平等因素；产品使用情况包括有无使用经验，是现有用户、流失用户还是潜在用户，是否是付费用户等。

要注意平衡筛选的访谈对象，避免同一类型的用户占过大比例，导致访谈结果出现偏差。例如，组织关于游戏产品的访谈时，就要避免只邀请男性玩家或青少年玩家来参加，因为女性玩家和低龄玩家对游戏有非常不同的体验、需求。除了对产品的体验和认识，还要保证受访者有一定的表达能力和交流意向，能清晰地表达自己的想法和见解，如态度热情、回答问题积极认真等。图5-3所示为用户筛选的要点。

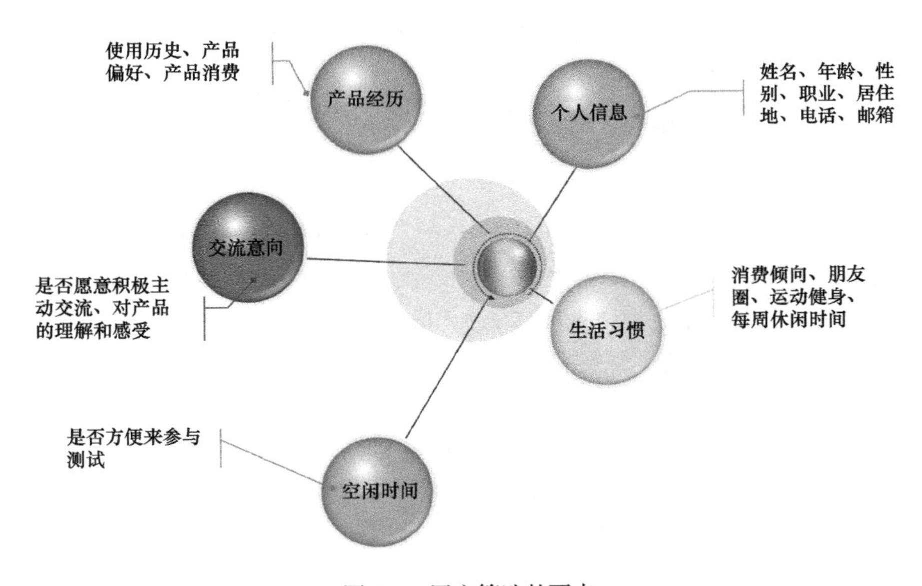

图5-3　用户筛选的要点

提示

用户筛选的目的是保证受访者能提供所需要的信息，并且在性别、年龄、职业和居住地等分布上保持一种平衡。

（2）用户确认

在访谈正式执行前，访谈组织者需要注意和用户进行确认，提醒他们访谈的时间和地点、持续时间，询问是否可以参加，以及提前做什么准备。同时通过致电也可以获得关于用户的一些必要个人信息，如产品使用情况、性别、年龄、居住地等。图5-4所示为访谈用户招募的流程。

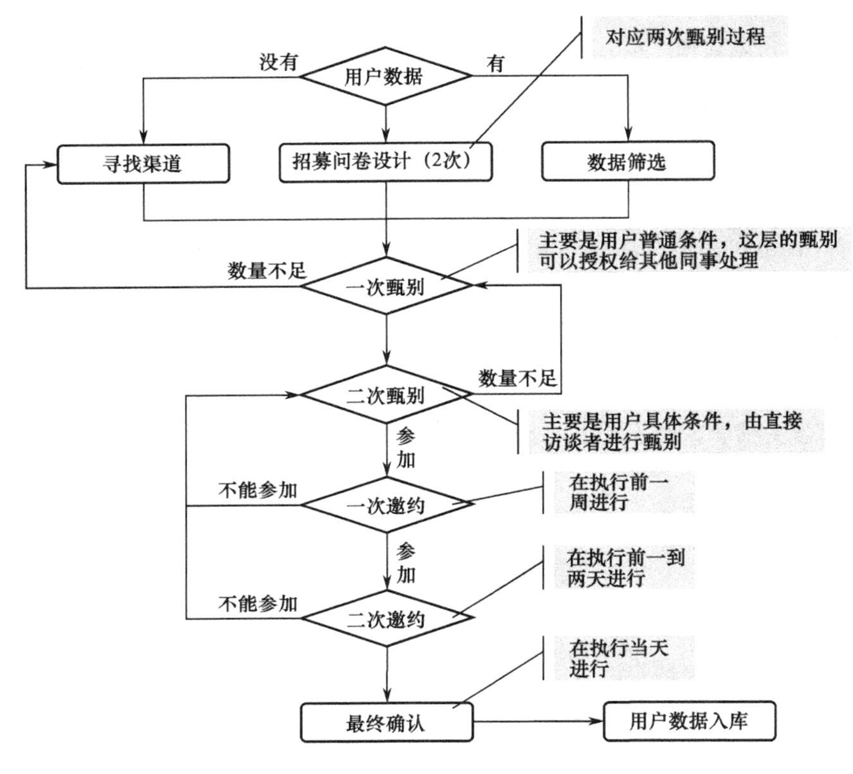

图5-4　访谈用户招募的流程

（3）用户的数量

访谈研究需要多少用户，取决于每次访谈的研究目的、项目时间和经费预算、访谈者的经验等。访谈属于定性研究，加上比较费时费力，所以不必刻意追求样本量和抽样的随机性，更多是通过对少数案例的深入分析来进行探索性的研究。用户体验分析的访谈研究可以用6～10人有代表性的样本来进行，一般不超过15人，就能够发现用户体验和需求性方面的足够信息。

注意

访谈法属于定性研究，一般是小样本研究。

5.3.4 访谈的执行

1. 访谈环境

访谈地点是否合适会影响资料收集的质量，要安排受访者在自由和放松的环境中交流，从而让他们能够放心地表达自己的真实想法。访谈现场除了设置合适的座位，还要提前准备录音设备或照相机，以及需要的文件如保密协议和访谈提纲。如果是电话和网络访谈，访谈者需要提前调试设备，保证双方所需的应用程序和设备连接正常。

除了访谈人和记录者，其他的旁听者尽量坐在角落里，在访谈现场留出充分的空间让受访者感到放松和自由。用户访谈一般在公司的会客室或会议室里进行，图 5-5 所示为一个常见的访谈室。

图 5-5　一个常见的访谈室

另外，访谈者要提前准备好给受访者的报酬或小礼品。

技巧

访谈时可以提供饮料和零食，大家边吃边聊，帮助营造轻松的气氛。

2. 访谈者的技巧和培训

（1）对访谈者的要求

访谈的顺利进行依赖于访谈者的主持和与受访者的深入交流。访谈者需要主动掌握访谈过程，避免遗漏重要话题，及时处理出现的问题，减少干扰因素，防止访谈脱离主题。图 5-6 所示为访谈者实施访谈时需要具备的特质和技巧。

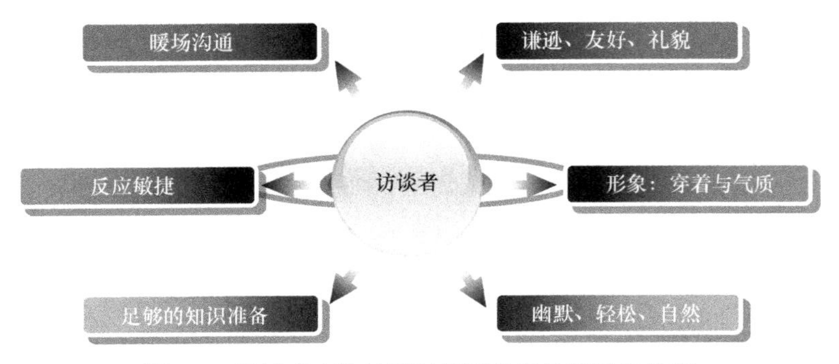

图 5-6 访谈者实施访谈时需要具备的特质和技巧

（2）访谈前的准备和培训

在访谈前，要对访谈者进行一系列严格的培训，确保他们了解访谈目的，掌握访谈的方法和技巧、访谈资料的整理和分析方法。访谈者要根据研究目的和访谈提纲进行充分的准备，熟悉产品背景、访谈问题和受访者的情况。在访谈过程中，访谈者不可以频繁看访谈提纲，这样无法保持对受访者的观察和关注，也给他人自己没做好准备的印象。

对产品的提前考察和体验对访谈者来说也是非常重要的，因为很多招募的用户一般都对产品有相当的了解，如果访谈者不熟悉产品就会影响访谈中的交流，甚至出现不理解用户说的是什么的情况。这就要求访谈者要有足够的知识准备，如产品的性能和操作等，这样才能有效控制访谈中的相关问题并随时做出解答。

3. 访谈组织

（1）访谈气氛的掌握和营造

受访者到达后，访谈者接待和引领他们到达访谈地点，主动交谈来建立信任感和熟悉感。访谈正式开始前，可以先做简单的寒暄，从一些普通的话题开始慢慢进入正题，如问从哪里来、路上用了多久等。然后向用户介绍项目情况、本次访谈的目的和如何进行等，也告诉受访者访谈中的讨论无对错之分，无论回答什么都对改进和完善产品非常重要。前期暖场和铺垫的时间也不要太长，因为初期受访者比较兴奋且动机充分，利用他们的好状态应尽快开始正式的访谈。

访谈者的提问和词语的选择，都要符合受访者的知识水平和谈话习惯，尽量通俗化和口语化，保证对方能够理解。访谈时访谈者要尽量鼓励受访者，多用点头、微笑等表情。前后两个问题之间需要注意保持连贯性、不能跳跃太大，可以对用户上一个问题的回答做简单的回应和总结，再引入下一个问题。

访谈的过程是访谈者和受访者持续交流和互动的过程，涉及双方一系列的心理活动。访谈者要考虑受访者会不会合作和做出真实的反应，受访者则会顾虑要做出什么回答、对自己会有什么影响。访谈的实施要营造访谈者和受访者之间平等、信赖、合作的关系，对用户内心的信念、想法进行深度的挖掘。

技巧

访谈中要保持积极的身体语言来鼓励受访者表达，如目光接触、身体前倾等。

（2）逐步探询

在访谈过程中，访谈者不要在当下的问题未完成时新起问题，导致频频形成短促的对话。对一个事件、行为、故事的具体过程细节、关键行为、互动情节等背后的因素和联系，要不断细致地去追问和探询，避免过于简单和主观的判断。注意在前面的受访者回答中追问相关问题的节点，从而形成不断递进的访谈过程。

（3）避免简单认同

对受访者反映出的一些判断、情绪化意见和概念，访谈者也要先追问，而不是使用认同式的回应，从而中断或终结追寻路线。例如，受访者认为某个人物角色设计不佳时，访谈者需要追问他认为角色不佳在哪里，而不是急于赞同或否定。访谈者要启发受访者描述一个事件场景的问题，避免询问与确认过于简单的事实，从而导致受访者的回答过于简单直接。访谈者要不断激发受访者深入思考问题，如“能不能解释一下”“可不可以举例说明”。但是在访问过程中，对一些无关话题则不要追问，避免浪费时间。

（4）结束访谈

最后，访谈者要回顾提纲，看是否有遗漏的问题，以感谢和尊敬对方的态度结束访谈，按照事先的约定送上相应的酬劳或礼品。在有些研究中需要追踪调查，对同一用户进行二次或多次访谈研究，就要对部分访谈对象进行备案，询问他们是否愿意参加后续的访谈及何时方便。另外，也可以询问用户是否能推荐合适的朋友来做访谈。

小例子

访谈流程和计划（见表 5-5）

表 5-5　访谈流程和计划示例

编号	内容	工作日	第一周	第二周	第三周
1	需求细化 / 访谈提纲设计	5	√		
2	用户招募与确认	10	√	√	
3	网络访谈 / 焦点小组访谈执行	5		√	√
4	访谈资料分析	7		√	√
5	访谈报告撰写	5			√

4. 访谈记录

（1）记录者

如果只有一个访谈者，在访谈过程中可以快速进行一些简短的文字记录，再进行详细的整理，形成文档。但是边访谈边记录有很大难度，有时不得不让受访者暂停讲话以留出时间来记录。这样导致对受访者的关注会减少，影响与他们的交流和建立一种融洽的关系。

如果同时有两个或以上的访谈者，就可以指定一个人负责记录。这样访谈者就可以专心提问，并且集中精力倾听受访者的回答。记录者在访谈中大部分时间可以保持沉默，认真记笔记，如果发现访谈中有遗漏的问题没有提及，也可以提醒。记录者在访谈过程中要尽量把受访者的原话都记录下来且不要遗漏，无须判断哪些有用、哪些要不要记录，访谈记录中也不要加上记录者自己的判断和意见。详细的笔记更方便后续的访谈资料整合和分析。

（2）笔录和录音

手工记录的速度比较慢，特别是在受访者语速比较快时，访谈者往往无法及时记录完整的信息。除文字记录外，还可以用录音、录像等设备完整记录整个访谈过程。录音和录像记录可以保证不遗漏信息，方便后续的整理和回顾，也有利于访谈者集中精力提问和倾听，并抽出时间观察访谈者的非语言线索。如果看到受访者皱眉头，就需要问他们遇到了什么问题。

注意

在对访谈过程拍照、录音或录像时，事先务必要告知受访者，取得他们的同意。

5.3.5 访谈资料的分析

1. 转为文字资料

（1）文字记录的整理

访谈结束后，对访谈收集的文字资料，访谈者要及时把所有资料整理成正式的文件，除明显的记录错误外要忠实于受访者的原意。

（2）录音录像记录的整理

对访谈的录音或录像记录要按照时间顺序转换为文字，严格根据访谈时受访者的原话进行整理，不能随意省略或更改。对于非语言线索的表情、语气变化、肢体动作等，可以在原话后用括号加以标注。

2. 访谈资料的分析方法

（1）归纳法与扎根理论

对访谈资料的分析一般采用归纳法，通过对所收集资料的整理和归纳来得出假设的概念或理论，发现其中反映比较多的产品问题和用户需求。访谈资料的整理和分析不是一次性的，需要不断回查原始记录或补充新的资料，反复标识和编码后归纳并形成主题或概念。这是一个非线性的迭代过程，各个分析环节相互影响，可以随时循环进行。

对访谈用户的描述、意见和解释等原始资料，可以采用扎根理论（Grounded theory）进行编码来概念化，从经验资料上升为初步的理论假设。扎根理论从实践经验中寻找反映事物本质的核心概念，采用逐级编码、不断比较、理论抽样的方式来建构相关的理论，特别适合没有预设主题的非结构化访谈资料。图 5-7 所示为访谈资料的归纳。

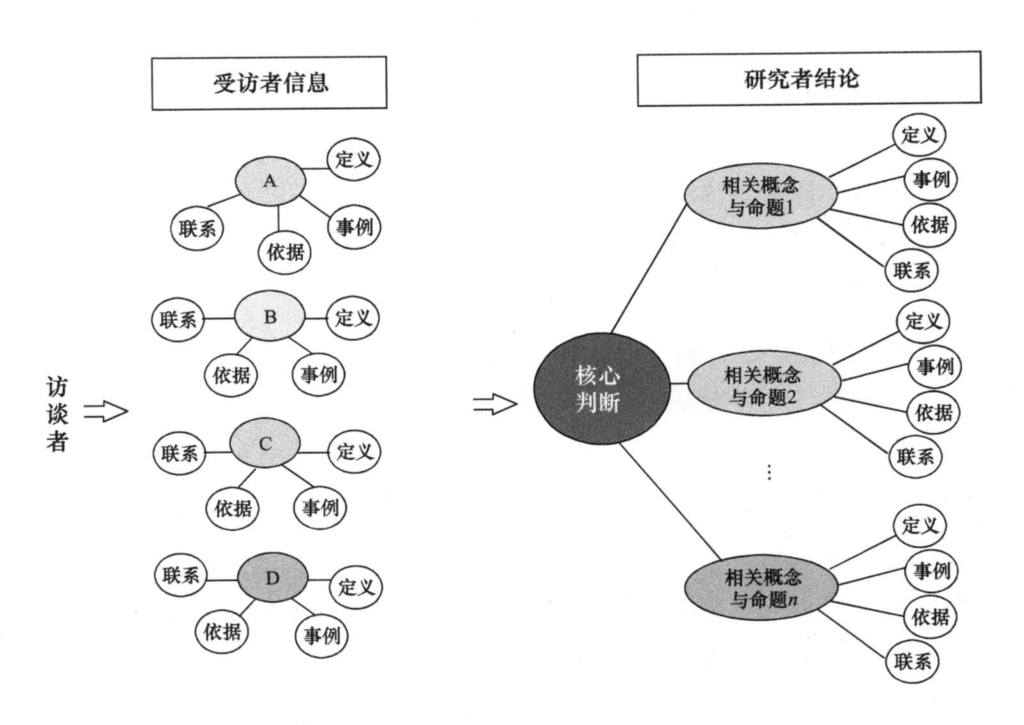

图 5-7　访谈资料的归纳

（2）访谈分析软件

现在有一些专业的定性研究分析软件，如 Nvivo、Atlas.ti 和 Qualrus 等，可以对访谈收集的资料进行反复编码、深入分析和有效呈现。

（3）访谈资料的定量分析

除了定性分析，当访谈用户的样本量足够多时，访谈记录也可以整理成数据资料，进行定量分析。特别是结构化访谈的数据，如果访谈问题和受访者的回答都是标准化的，就可以进行量化的统计和分析。其中最简单的就是计算一个问题或建议被不同受访者提及的次数，如百分之多少的用户都认为这个游戏任务难度过大。图5-8所示为对访谈资料定量分析的过程。

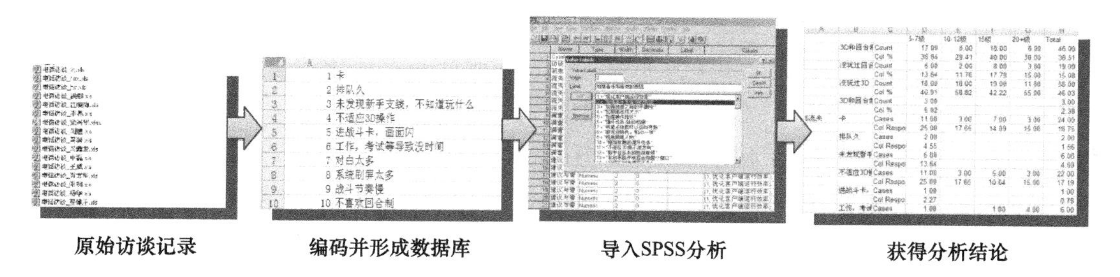

图5-8　对访谈资料定量分析的过程

（4）访谈报告的结构

① 访谈项目的背景。

② 访谈的目的。

③ 访谈用户及其筛选和招募过程。

④ 执行访谈的人员、时间和地点。

⑤ 访谈记录的方式。

⑥ 访谈结果的整理和分析。

⑦ 访谈结论和建议。

⑧ 访谈中可能存在的局限的说明，如用户样本的代表性、访谈的信度和效度等。

⑨ 附录材料，如访谈提纲和访谈记录等。

最后，用户体验人员把研究报告和相关资料发送给产品项目组，跟进相关的讨论和反馈，参与问题解决方案的制定。图5-9总结了访谈设计和执行的流程。

经验

访谈报告要尽量引用原始资料，通过受访者的原话呈现他们的观点和想法。

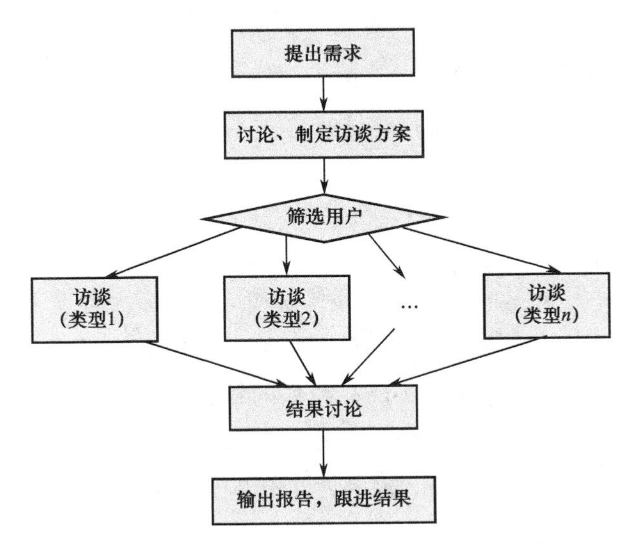

图 5-9　访谈设计和执行的流程

5.4　影响访谈效果的因素

访谈的效果可以用信度和效度来表示，要提高访谈的信度和效度，就要对访谈者进行严格的训练，提高访谈过程的规范化，选择有代表性的用户。访谈要收集的资料确保是受访者能够得到和提供的，避免出现那些受访者无法回答的问题。

5.4.1　访谈的信度和效度

1．访谈的信度

（1）什么是信度

信度（Reliability）表示测量的可靠性和稳定性，是数据和结论的一致性程度，即是否代表了用户真实和稳定的回答。访谈信度可以用重测信度表示，即重复访谈相同的用户和问题，应能得到相同的结果。访谈信度也可以用多个访谈人或评分人在划分受访者反应类别上的一致性程度来表示，即评分人的人际信度。

（2）如何提高信度

要保证访谈的信度，关键是对访谈者进行严格的训练，减少访谈者个人因素对访谈结果的影响。每个访谈者的表现、方法和风格都是不一样的，对受访者的影响和引导也会不同。访谈者经验越丰富，受到的专业训练越多，访谈结果也越稳定和可信。

同时，访谈信度也受访谈设计的影响，访谈问题越标准化，内部结构一致性程度越高，访谈信度也会越高。结构化访谈因为更标准化和正式，它的评分者一致性信度一般都会高于非结构化访谈和半结构化访谈。

2．访谈的效度

（1）什么是效度

效度（Validity）是测量的有效性，即数据和结果在多大程度上测量到了要测量的内容。一般来说，可以计算访谈结果和外在行为表现之间的相关性作为访谈的预测效度。例如，从用户满意度和将来购买产品数额的相关性看访谈数据是否对产品前景有预测性。也可以进行结构效度的分析，即看访谈结果在多大程度上符合预设的理论框架。结构效度受访谈问题和反应标准化程度的影响，结构化访谈的结构效度一般高于非结构化访谈。

（2）如何提高效度

访谈的过程和背景，包括双方的状态、价值观和文化程度及访谈的时间和环境，都会影响访谈的效果。只有对访谈过程严格控制和安排，达到相当程度的规范化，才能确保访谈能够收集到用户的真实想法，得到想要的资料。提高访谈效度还要注意选择和招募合适的用户，保证他们所反馈的问题是全面、合理和有效的。

3．访谈结果的使用和推广

（1）访谈结论不具有普遍性

访谈法的样本量一般比较少，又没有随机抽样，它往往不会有普遍性的结论。访谈法属于定性研究，是对有限的样本进行深入的分析和探究，不是靠数量说话。对于经过访谈得出的结论，不能轻易应用到样本外的人群，后者需要进一步的定量研究进行验证。

（2）访谈法结合定量研究

成功的访谈，结果往往是产生更好的问题，而不是直接的解决方案。访谈的目的一般是先发现和定位用户中可能存在的问题和现象，再通过问卷调查、数据挖掘等定量分析验证这些问题的普遍性，即有多少群体存在这些问题。

5.4.2 影响效果的访谈者技巧

1．倾听用户

（1）避免打断用户

用户在访谈中发言时，访谈者一定要认真倾听，不要打断他们。在访问过程中频繁打断受访者说话或表示出不耐烦等，都会妨碍受访者正常发表自己的观点和想法，导致错过有用的信息。这时就要努力帮助受访者延续刚才的谈话，如提醒他们“刚才，您说到……”。如果受访者在讲述的过程中，提到了访谈提纲后面的问题，就直接把这个问题拿到这里来讨论，而不要打断他们。

技巧

访谈中如果有什么问题，可以先记录下来，等受访者讲完再提出来。

（2）主动回应

在倾听过程中，访谈者要及时地给对方回应和反馈，如“对”“是吗”“ 很好”等言语线索或点头、微笑等非言语线索。除了语言，访谈者还要注意自己的表情和动作，如面部表情、肢体动作、眼神交流、人际距离等，尽量鼓励受访者表达。

（3）避免评判

访谈者要用开放的思维去倾听受访者，通过倾听来了解和学习受访者的感受，而不是倾听后否认或批评。受访者不可能像产品研究人员这么深入地了解产品，所以哪怕是常识性的内容或者已经听过的陈述访谈者也要保持认真倾听，尊重受访者的表达和意见。如果访谈者急于表达自己的意见，解释受访者提出的关于产品的问题，可能会把访谈变成一场对抗和辩论。访谈者要将自己的判断搁置到一边，先收集和接收受访者提供的信息，思考他们讲述内容背后的含义。

技巧

如果受访者抱怨在使用产品时遇到了问题，访谈者不要急着解答和指正，可以等到访谈结束后再讨论。

2．引导谈话

（1）保持探询

访谈中要随时注意追问，以获得更有深度和更丰富的回答，而不能只按照访谈提纲的设计逐个抛出问题。受访者可能无法一次性就把问题表述和解释清楚，访谈者要对受访者提到的某一个观点或事件深入探查，将其挑选出来继续向对方询问。当受访者表达的概念比较模糊或不清楚时，访谈者要尽量引导他们表达出更多的想法。有时受访者说出一些有趣的新话题，访谈者也可以向受访者进行追问以便进行深入的探讨。

（2）控制主题和进度

访谈者必须控制整体的访谈进度和时间，问题了解清楚后就引入下一个问题，保证访谈目标的完成。在访谈过程中，有时会引出很多无关话题，特别是在焦点小组的群体讨论过程中。例如，在询问上下班路上搭乘公共交通时的手机使用习惯时，受访者可能提到交通堵塞。这时访谈者需要适当地及时打断对方，把谈话引导回正题，按照访谈提纲的要求和顺序控制访谈的议题和流程。

3. 避免诱导

（1）诱导性问题导致的偏差

访谈的目的是收集受访者的真实看法，不适当的诱导会导致受访者不能充分说明自己的看法或没有时间认真思考后作答。访谈过程中，访谈者要保持客观中立，既不要反对和讽刺受访者的观点，也不要过度赞扬和表示认同。要尽量客观地完成整场讨论，让受访者感到访谈者只是一个倾听者。对诱导性的问题，受访者可能会为了讨好访谈者，只说出访谈者想要的答案，而不是他们内心的真实想法。如果访谈者先入为主，就把访谈变成验证自己观点的过程，而不是收集受访者意见和反馈的过程。

（2）诱导性问题的类别

① 访谈者先表达某个观点，受访者可能会不想争论和表现出不礼貌，而被迫顺着访谈者的观点来陈述。

② 在问题中提及其他受访者的意见或判断，会限制受访者的回答，让他们可能顺从他人的看法。

③ 先给出一些新闻报道或名人的已有看法，受访者也常常会被迫表示赞同。

小例子

访谈中的诱导性问题

问题：“很多报道说现在的中学生每天使用手机时间过长，家长和学校都很担忧，您对此怎么看呢？”

问题中的“家长和学校都很担忧”已经表明了访谈者对该问题的负面看法，对受访者有很大的诱导成分，限制了他们的思考和作答。

5.4.3 影响效果的受访者因素

1. 资料的可及性

（1）受访者的代表性

成功访谈的先决条件是筛选和招募符合资格的受访者，保证要收集的信息和资料是受访者能够得到和提供的。受访者选择的范围应与要了解的问题的范围一致，同时还要保证受访者有一定的理解能力和语言表达能力，能准确地陈述自己的想法。为了确保访谈结论的准确，访谈前要进行认真全面的准备，招募多种类型访谈对象。尽量扩大访谈对象的代表性和全面性，避免只访谈同一类型的人群或者局限于某几个类型的人群。

小例子

一个游戏访谈的受访者选择标准（见表5-6）

表5-6　一个游戏访谈的受访者选择标准

标准	受访者要求	要收集的信息
一般指标	没有从游戏中流失	需要了解目前游戏的情况
	角色等级在30级以上	一些玩法需要30级后接触
	经常参加多种游戏活动	需要了解玩家活动感受
具体指标	对游戏有比较深入的了解	需要挖掘玩家的深层感受
	语言表达能力比较好	需要和玩家进行沟通
	更多时间在家里玩游戏	目标受访者是在家或宿舍玩游戏

（2）避免空泛的问题

访谈法收集的是受访者对产品的认知、体验、感受及行为背后的原因，它无法提供受访者想要什么设计、想要你为他们做什么的直接答案。受访者能够告诉我们遇到了哪些问题、什么地方不容易理解、为什么操作会失败，但很难解释他想要的东西或需要的功能。我们无法在访谈中让受访者思考和回答想要什么，包括各种期望、建议和设想。任何产品设计和技术方面的决定都不应该抛给受访者，他们要做的是说出问题在哪里而不是提供解决方案。受访者对不熟悉或想象中的事物是无法判断的，只可能勉强拼凑一些答案，这样的回答毫无意义，受访者也会感到厌倦。例如，问“您想要什么样的游戏玩法？”，回答往往只是“想要奖励高的游戏玩法”。

经验

受访者可以反馈对什么设计不满意，但无法回答想要什么样的设计。

2. 受访者的兴趣和主动性

（1）对访谈的认识

访谈前，访谈者要详细告知访谈目的、项目背景，回答受访者提出的问题，尽量消除受访者的担心和疑虑。受访者要清楚认识访谈的要求和问题的意义，以及自己在访谈中的角色。问题的表达如果对双方含义不同，就会导致提问和理解上的误差。当一个问题过于模糊时，受访者常常也只能给出同样模糊的答案，如“不错”“很好”等。

注意

有时为了产品保密需要或避免限制受访者的作答，不会告诉他们访谈的真正目的。

（2）交流关系

建立和受访者之间的信任和融洽关系是访谈成功的关键，访谈能否成功很大程度上取决于访谈双方之间的关系。访谈常常都在陌生人之间进行，受访者面对不熟悉的访谈者和环境可能会感到焦虑。受访者在紧张的气氛下想尽快结束访谈，思考和回答都不够认真，所以访谈者需要与受访者建立融洽的关系，让他们放松下来。如果交流有障碍，受访者可能不会毫无保留地将自己的观点说出来，而是有所隐瞒，甚至在一定程度上会迎合访谈者的想法。

（3）晕轮效应

受访者可能因为对访谈者的喜爱而去迎合他们，给出访谈者偏好的答案，导致访谈中的晕轮效应。对受访者的仔细倾听和关注，并不意味着赞同和追捧他们的回答。访谈者要尽量多倾听、少判断，避免表示出对答案的关注，即不要对任何回答表示出兴奋或责备的情绪。访谈者的态度始终要是中立的，除必要的引导外，不要对问题表达自己的看法，更不能暗示受访者什么是正确的。

（4）避免催促

如果受访者需要时间思考，就让他们保持沉默或者暂停一会儿，访谈者要适应受访者的节奏。对不配合的受访者可以先进行引导，如果引导没有效果，不要强制要求他们完成访谈。访谈者要尊重受访者自己的意愿，哪怕提前终止访谈，也要避免收集到虚假资料或导致负面印象。

5.5 练习题

选择一个常用App（可以是游戏、购物、导航、视频等），设计和执行一个访谈研究，分析它在用户体验上有哪些不足和需要改进的地方？组建一个至少2人的研究队伍，样本量控制在5～8人，可以从同学或朋友中招募。分析研究需求和访谈目标后，创建一份详细的访谈提纲。执行访谈和记录整个过程，对结果进行归纳和整理后写一份正式的访谈报告。

知识要点提示：

- 如何分析访谈需求；
- 如何筛选和招募用户；
- 访谈提纲的设计和问题编排；
- 访谈的流程和执行；
- 访谈过程的记录和整理；
- 访谈报告的写作。

第 6 章

观　察　法

本章介绍观察法的定义、观察法的策略和步骤及观察框架。对观察过程中的步骤和环节，结合数字媒体设计中的实例加以解释。

学习目标：

- 理解观察法的定义
- 了解观察法的类别
- 掌握观察法的设计和执行
- 了解影响观察法效果的因素

6.1 观察法的定义与应用

6.1.1 什么是观察法

1. 定义

观察法是指在自然的情境或可控的情境下，研究人员通过对一个变量或一组变量的描述，获取个人、群体或环境的特定特征，然后对这些特征进行分析，发现心理活动和发展规律的方法。例如，在自然条件下，研究人员通过自己的感官、录音、录像及科学仪器等辅助手段，观察被试者的表情、动作、语言、行为等。

2. 应用

（1）观察法适用的学术问题

① 新兴文化。

② 社会新群体或小众群体。

③ 尚未被公众认知的特殊群体与现象。

（2）观察法适用的条件

观察法仍有一定的局限性，通常与其他研究方法结合使用，如调查法或实验法。例如，对数量庞大的群体进行分析，可先使用调查法进行筛选，再对选出的少量样本进行观察。一般来说，观察法适用于以下条件。

① 研究的问题适用于个案研究。

② 研究的内容涉及用户行为与情感体验。

③ 研究的内容涉及对空间关系及地点的观察。

④ 研究的内容涉及对时间的观察。

⑤ 研究的问题属于探索性研究或描述性研究。

⑥ 研究的现象可在日常生活场景中进行观察。

⑦ 研究的生活情景可以让观察人员进入。

⑧ 观察所需的样本量及规模范围不大。

⑨ 研究的问题可用质性资料加以说明，这些资料可通过直接观察和适合该场合的其他方法来收集。

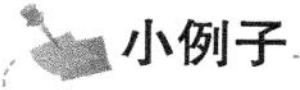

小例子

教堂出勤率

研究表明，一些民意调查显示，每周有40%的美国人参加教堂活动。但是，当Marlar和Hadaway（2005）检查实际的教堂出勤记录时，他们发现实际的每周出勤率接近不到22%。这是自我报告出错的一个典型例子。此外，Stephens Davidowitz发现，有时受访者对敏感主题的看法会完全撒谎，以更好地了解自己。如果调查研究的可靠性受到质疑，并且市场研究人员需要准确的数据来指导营销、产品和业务决策，解决方案就是通过观察研究取得确切的数据。

3．特性

观察法的特性可以分为目的性、客观性和能动性。

（1）目的性

观察法是为了解决研究问题的需要而进行的有科学依据的一系列研究过程。因此，观察前要有明确的观察目的，并确定观察的范围、形式和方法。

（2）客观性

观察是在自然状态下进行的，通过与被观察者保持一定的距离，不改变与引导其行为，进行细致与规范式的观察，并且对观察结果进行明确的分析和解释，从而能比较客观真实地收集第一手资料。

（3）能动性

研究人员可以根据研究的目的，事先制定观察提纲和程序，规定观察的时间和内容，从现象中选择典型对象进行研究，因此观察具有一定的能动性。

4．观察研究法的类别

观察法可按照场所、结构、方法、记录及观察者的介入方式进行区分。例如，以场所进行区分，可分为自然观察和受控观察；以观察的结构性可分为非结构性观察和结构性观察；以方法可分为非参与观察和参与观察；以记录可分为研究描述性观察、推论性观察和评鉴性观察；以观察者的介入方式可分为直接观察和间接观察。

（1）自然观察和受控观察

① 自然观察。

自然观察是指在真实的使用环境下，对观察环境不加改变和控制的状态下所进行的观察，又称田野观察。在这种观察过程中，需要观察被观察者在开放或自然环境中的自发行为。例如，博物馆内观众对于数字媒体装置的反应观察。

② 受控观察。

受控观察是指在人为控制的环境中进行的系统观察，包含对场地的活动内容、观察者的行为加以控制等。例如，观察者按照观察计划的设计，通过摄像头观察被观察者在已安排的情境中的表现。

（2）非结构性观察和结构性观察

① 非结构性观察。

非结构性观察是指在没有明确研究目的、程序、工具的情况下使用的一种具有弹性的观察，其中以人类学和社会学使用的田野研究最具代表性。在非结构性观察中，研究人员无须按照规范流程即可记录所有相关行为。研究人员使用非结构性观察可以创造新的想法，寻找其他人没有注意到的研究途径。因此，该方法通常作为初步研究，以了解将记录什么类型的行为。

像案例研究一样，非结构性观察经常被用来激发设计灵感。但由于非结构性观察是开放的、自由的观察，因此研究人员需要适当的培训来识别重要和值得关注的信息。这些观察通常是小规模进行的，可能缺乏代表性样本（与年龄、性别、社会阶层有关），因此无法帮助研究人员做出与更广泛的社会群体相关的结论。由于其他变量无法控制，因此非结构性观察的可靠性较差，其他研究人员很难以完全相同的方式重复研究，也难以建立因果关系。

1925年，人类学家玛格丽特•米德使用非结构性观察研究了生活在南太平洋小岛萨摩亚的三个原始部落的生活方式，并出版了《三个原始部落的性别与气质》一书。心理学家凯西•席尔瓦通过观察英国牛津郡一个游戏小组中的孩子的行为，来研究适合儿童教育的游戏。

② 结构性观察。

结构性观察（通常是受控观察）是指依据研究前确定的目的，使用结构观察工具观察、研究与目的有关的行为，可能在封闭空间进行。

研究人员决定观察的地点、时间、参与者，以及在何种情况下进行观察，并使用标准化程序。参与者被随机分配到每个独立变量组。与其详细描述所有观察到的行为，不如根据行为表（即进行结构性观察）按照事先约定的标准对行为进行编码，通常后者会更容易。研究人员将他们观察到的行为系统地分为不同的类别。编码可能涉及使用数字或字母来描述特征，或者涉及使用量表来衡量行为强度。如果研究计划中的类别已编码，就可以轻松收集数据并将其转换为统计数据。如图6-1所示，其标准化程序是针对不同的博物馆进行多角度的不同类别对比，针对不同的项目内容进行预估与分类并且制表，从而进行更有效与可靠的观察。

评分等级为1-7.其中7为最高，1为最低。

		愉悦性	有效性	功能性	实用性	国际化	亲子	学术	数字化	满意度	趋势	共鸣	共享	多元化	稳定	可持续	商业战略	教育	现代化
伯明翰博物馆和艺术馆	导航																		
	展示																		
	环境																		
	交互设备																		
	推广																		
	网站与商店																		
	活动																		
湖南博物馆	导航																		
	展示																		
	环境																		
	交互设备																		
	推广																		
	网站与商店																		
	活动																		

图6-1　标准化程序观察

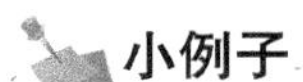

婴儿的反应

玛丽•安斯沃思（Mary Ainsworth）使用行为表来研究婴儿对母亲短暂离开的反应，在“陌生情况”程序中测量了婴儿针对母亲的互动行为，如邻近和联系寻求、联系维护、避免接近和接触、接触和舒适。观察者记录了婴儿在15秒间隔内显示的行为，并以1～7的等级对行为进行评分。本例中，实验者对研究对象的行为进行预估，并且使用标准化程序观察对象，从而将对象行为数据进行量化统计。

结构性观察的优点是，由于结构性观察在短时间内可以进行多次快速观察，因此研究人员可以收集到大量的研究样本，从而使发现的问题具有代表性。同时，使用结构性观察收集到的数据和信息是结构化的，因此可以快速进行数据分析和整理。

结构性观察的缺点是，当参与者意识到被观察时，他们的行为可能会发生改变，因此结构性观察不如非结构性观察具有全局性。从事结构性观察的研究人员只对少数特定行为感兴趣，因此研究人员不可能记录观察过程中的所有行为。

（3）非参与观察和参与观察

① 非参与观察。

非参与观察是指观察者不直接进入被观察的情境，以局外人的角度观察，不与接受观察的对象互动或对其施加影响。

② 参与观察。

参与观察是指观察者参与被观察的情境，成为群体中的一员。在参与观察的过程中，参与者的观察行为可以是公开的，也可以是隐蔽的。

小例子

英国某博物馆的一项研究

在英国某博物馆的一项基于老年人与儿童在博物馆内使用信息多媒体交互装置的行为研究中，对两者进行非参与观察。因为要观察到老人与装置、儿童与装置、老人与儿童三者之间的关系，所以选择非参与观察，以便更好地获取研究相关信息。

（4）描述性观察、推论性观察和评鉴性观察

① 描述性观察。

描述性观察中，观察者只需将他实际观察得到的行为以文字描述的方式完成报告即可，无须从中推论或做任何判断。一般而言，描述性观察易于量化，观察者所做的记录也相当可靠。

② 推论性观察。

推论性观察中，观察者需要考虑被观察者行为背后的含义，然后将其记录在特定的分类中，推论性观察需要有一种归类系统，以供观察者将观察的行为划分在适当的类目中。此种归纳划分的安排，显然比简单的描述性观察不可靠，但能提供较详细、有价值的资料。借助完整的训练，观察者或可形成具有一致性、可靠性、推论性的观察记录。

③ 评鉴性观察。

评鉴性观察中，观察者必须判断行为的质量，然后按等级做成记录。由于观察者的评鉴性判断常有不同，因此评鉴性观察通常是困难的工作。某个人被一个人评为“佳”，也可能被另一个人评为“中等”。为了补救此缺失，常要对评鉴性观察者施予全盘的训练，以求取一致可靠的观察。一般而言，供观察者评定的等级越细，评鉴性观察的信度就越低，因此在设计等级类别时，力求少而明确。

（5）直接观察与间接观察

① 直接观察。

直接观察是指受过训练的观察者到观察现场直接观察被观察者的活动，获得具体而第一手材料的方法，但是被观察者会因为察觉到被观察而表现出不真实的行为。

② 间接观察。

间接观察是指观察者不直接介入被观察者的生活与活动的情境，用旁观者的身份进行观察。

小例子

艺术治疗

英国某大学的一项基于老年人阿兹海默症的艺术治疗过程研究中，因老年群体的特殊性不便进行直接观察或干预观察，在艺术治疗过程中，志愿者协助观察老年人接受艺术治疗过程中的行为与情感，从而避免非专业人员让老年人产生不适感。使用这种布眼线的观察法可以得到真实的资料。

5. 观察法的优缺点

（1）观察法的优点

- 能通过观察直接获得资料，无须其他中间环节，因此观察的资料比较真实。
- 在自然状态下观察，能获得生动的资料。
- 观察具有及时性，能捕捉到正在发生的现象。

（2）观察法的缺点

- 受时间限制，某些事件的发生是有一定时间限制的，过了这段时间就不会再发生。
- 受观察对象限制。例如，研究青少年犯罪问题。
- 受观察者本身限制。一方面，人的感官都有生理限制，超出这个限制就很难直接观察；另一方面，观察结果也会受到主观意识的影响。

6.1.2 观察法在数字媒体用户体验分析中的应用

观察法在设计初期对创新更有价值，通常应用于调研早期。针对数字媒体设计的创新，要回溯到设计的本源。设计的本源是解决人们生活、工作等问题或者创造更良好的体验。设计师必须从了解使用者的生活、工作、操作方式、习惯、爱好等开始发现问题，寻找设计的切入点，产生创新。因此，在研究初期，需要的方法必须非常开放，最好的研究方法通常是观察法。研究人员需要观察真实的使用者在真实的环境中是怎样操作产品的，他们有什么困难、有什么痛点、有什么情绪和观点。

小例子

探索新闻类手机客户端的发展趋势和发展方向

某研究机构通过对比“新京报”“腾讯新闻”手机客户端的特点，综合分析大学生群体手机新闻客户端的使用情况、用户体验等，探索新闻类手机客户端的发展趋势和发展方向，尝试在此基础上提出预测与改进意见。该研究首先对研究对象进行预调研，了解大学生群体手机新闻客户端的使用情况，从而确定研究对象和范围。然后使用观察法对三个客户端中的内容、布局设计、交互功能及网站关联情况等特点进行总结。在观察过程中发现，客户端的内容存在时间排序、版块排序混乱的问题，难以培养用户的使用习惯。而且交互方式不够灵活，无法进行个性化页面定制，交互过程中的行为动作也稍显烦琐。

通过详尽的观察、分析与总结，对新闻类手机客户端提出了以下优化方案。

① 优化客户端界面设计，凸显特色，设计可定制版块。

② 信息整合。将客户端上的相关新闻进行关联，近似于替代受众在网页上进行关键词搜索，而且能将受众的浏览行为保持在自己提供的信息网络中，逐渐培养受众的媒体依赖性。

③ 优化信息分级阅读。手机终端阅读是一种“快捷阅读”“便携阅读”“休闲阅读”模式下的产物，新闻终端对此同样要有所考虑。可以尝试采取“分级阅读”的模式，拆解一些信息全面但篇幅过长的报道，进行分级设置，在一级阅读中提供基本信息概况，让受众了解事件逻辑，二级阅读中提供事件细节，三级阅读中进行相关扩展，并用关键词等形式引导那些感兴趣的用户进行深入的二级、三级阅读。

6.2 观察法的策略和步骤

观察者在进行观察前，需要先决定采取何种观察的策略，然后按照选定的策略进行观察。

6.2.1 观察法的策略

在观察研究法中，观察的策略会影响搜集的资料是否具有代表性和客观性。一般来说，策略的种类分为：时间取样、行为取样、观察者的选择、观察地点的考虑、观察器材的使用及观察工具。

1. 时间取样

界定所要观察的行为，在时间样本内观察、记录被观察者的行为，可通过系统或随机方式进行记录。系统方式如观察一名学生在教室的扰人行为，每隔30分钟观察5分钟，每天观察10次，连续观察一周。随机方式如以随机的方式抽取10个5分钟，然后记录该名学生发生的行为样本。

提示

时间取样用于获得具代表性的样本，但是这种行为必须形成观察周期才能达到目的。

2. 行为取样

界定所要观察的行为并进行记录和观察，研究人员可以创建一个观察指南，列出观察者应关注的事情类型。

提示

由于所观察的行为通常是不可预测的，因此观察指南需要能被快速查阅和定位相关行为。

3. 观察者的选择

一般来说，在观察法的实施过程中需要各位观察者进行合作，就需要在观察前对相关人员进行培训，让其了解具体观察任务，并且每一组被观察者都需设置至少一名观察者。

4. 观察地点的考虑

以展览馆内的交互装置为例，观察地点大致可分为馆内路径与装置周围，在馆内路径进行观察时，观察者的身份尽量不要暴露，根据观众的行为路径进行包围式观察，类似于自然情景，从而得到真实的资料。

5. 观察器材的使用

观察者使用录像机或录音机将实况录制下来，能够得到真实的资料。观察者若要使用观察器材，应先征得被观察者同意。但是使用这些器材比较容易引起被观察者出现不自然的行为。

6. 观察工具

(1) 检查表

检查表是一个简便的观察量表，以明确和详细的分类对所要观察的行为或现象进行快速记录，主要包括以下两种。

① 是否型观察量表，只针对观察行为是否出现，若出现则加以画记，如表6-1所示。

表6-1 是否型观察量表

是否注意到导航装置	是	否
对使用方法感到便捷	√	
对装置内娱乐软件是否感兴趣	√	
在观展路径中是否会持续使用		√
是否会在装置上发表个人想法	√	
是否会与他人一起在装置上进行互动游戏	√	

② 列表型观察量表，列举要观察行为可能出现的情况，若观察者发现被观察者表现出某一行为，则在该类型下画记，如表6-2所示。

表6-2 列表型观察量表

对使用感到愉快	√
对使用感到迷惑	
解决所需问题	√
没有解决所需	
尝试再次使用	√
再未使用过	
尝试与他人一起使用	√

(2) 评定量表

评定量表要求观察者将所要观察的行为与项目针对每一名被观察者来评定，可分为以下几种。

① 分等级。将所要观察的行为分成五个或七个等级，其中五个等级最常见。

例如，以数字表示：①非常同意，②同意，③不一定，④不同意，⑤非常不同意。

② 语义区分法。将所要观察的行为项目分别列出两个极端，供观察者勾选。

例如：

注意力集中 ○ ● ○ ○ ○ 注意力不集中

理解　○○○○● 迷惑

兴趣盎然　●○○○○ 毫无兴趣

6.2.2 观察法的研究方向与计划

1. 明确研究方向

在确定使用观察法后，首先需要研究团队的所有参与者都明确知道研究方向。这一点对自然观察与非结构性观察尤为重要，因为这两种观察都是开放式的，如果研究人员对项目的目的、主题及观察的任务没有充分的了解，一旦进入观察，可能就会被大量信息所迷惑，从而无法敏锐地发现行为中有价值的信息。因此，研究方向将使研究人员能大体分辨哪些是对研究有价值的，哪些虽然有趣但并无价值。

研究方向一般包含：研究对象、研究的问题、某一个特定的情景条件等，也可能包含研究的对象物。例如，需要研究“老年人使用的智能家居”，那么研究人员需要知道研究对象是老年人，研究的问题是智能家居，以及其他相关问题。特定的情景可以限制在家庭中使用，研究的对象物是智能家居包含的所有家居产品，如图6-2所示。

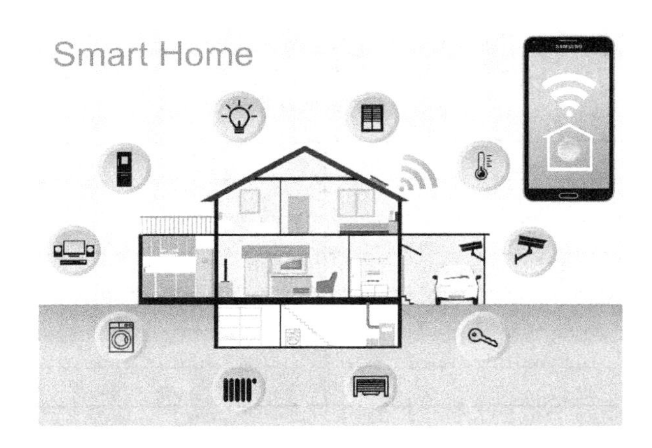

图6-2　老年人使用的智能家居示意

2. 观察计划

明确研究方向后需要制定系统化、具体化的观察流程，这个过程称为制订观察计划。观察计划包括观察对象、观察方式、观察限制、观察立场及如何进行观察等。

（1）观察对象

观察对象的背景、经历、职业及年龄等对于研究非常重要。在观察准备阶段，需要对被观察者的群体特性进行范围限定。以研究“老年人使用的智能家居”为例，不同年龄、不同文化背景、不同地域对家居的需求和使用方式会很不同。相对来说，本例的“老年人”指生活在二线城市以上、年龄55～70岁的使用者，因为所有设计基准都以产品使用者的需求而定，如果无法对用户群体进行定位，可以通过初期的观察或者问卷调查，筛选符合项目需求的目标群体。若在项目中选错被观察者，则可能导致整个观察失效，浪费更多的时间与成本。

（2）观察方式

首先通过对研究内容的需求分析来选择一种合适的观察方法，以及是否需要额外的研究方法进行补充，如访谈法和问卷调查法。例如，在第一手资料的调研中，可以先通过问卷调查进行群体筛选，然后对特定场景下的群体进行观察，最后通过访谈法进行额外的访谈。

其次是对观察方法的选择，如自然观察、结构观察、参与观察（公开或隐匿）。大多数观察都可以使用公开的参与观察，通过对被观察者表明观察者的身份与目的，从而获得更多与主题相关的信息。但一般情况下，观察者只告诉被观察者关于研究目的的大致信息，例如，“是否可以麻烦您演示在日常生活中如何使用智能家居？”“您是如何看待物联网应用于智能家居的？”。如果被观察者对研究主题了解得太多，可能会影响其思维与行为，部分观察者会为了在观察过程中表现出色或者更加符合大众期待而隐藏其真实的行为特征。特别是一些入户调研，观察者几乎都会公开身份，要求被观察者完成一些特定的任务。也有一些观察不需要公开观察者的身份。例如，在博物馆内观察人们与馆内装置的交互行为、人群的流动等。因为在这些项目中是否公开观察者的身份，不影响观察的结果。

（3）观察限制

观察作为数据收集工具仍然具有一定的局限性。例如，男性和女性研究人员因自身的优势访问出不同的信息；参与者的观察是由有偏见的人负责数据收集，研究人员必须了解他的性别、年龄、理论方法如何影响观察、分析和解释。

而在与社区相关的领域观察中，影响研究人员是否被社区接受的因素有很多，如一个人的形象、年龄、性别，以及结构中存在的关于互动和行为的道德准则。研究人员与社区人员可能存在缺乏信任、不满、排挤或者拒绝的情况。例如，社区人员使用研究人员不熟悉的语言，即从一种语言更改为研究人员无法理解的另一种语言，从而拒绝回答某些问题，拒绝与研究人员谈论或拒绝邀请研究人员参加社交活动。

（4）观察立场

研究人员的参与程度会影响他能够收集的数据的质量和数量。在观察的过程中可以参考以下4种观察立场。

① 完全参与者。

一个极端的情况是完全参与者，该参与者是正在研究的小组的成员，并且在小组中隐瞒了他的研究人员角色，以避免破坏正常活动。这种立场的缺点是，研究人员可能缺乏客观性，当揭示研究角色时，小组成员可能会感到对研究人员的不信任，并且由于被欺骗而使事件的道德性受到质疑。

② 参与者作为观察者。

在参与者作为观察者的立场下，研究人员是研究小组的成员，并且该小组意识到研究活动。在这种情况下，研究人员是该小组的参与者，也是该小组的成员，由于他的参与是给定的，因此他对观察的兴趣要大于参与。该角色的缺点是，要在向研究人员透露的数据深度与将他们提供的信息提供给小组的机密性之间进行权衡。

③ 观察者作为参与者。

观察者作为参与者这种立场使研究人员可以根据需要参加小组活动，但是研究人员在这种情况下的主要作用是收集数据，并且正在研究的小组知道研究人员的观察活动。研究人员是观察员不是小组成员，有兴趣参与以进行更好的观察，从而对小组的活动有更全面的了解。Merriam指出，虽然在这种情况下研究人员可能会接触到许多不同的人，他们可以从中获得信息，但小组成员控制着所提供信息的水平。

④ 完全观察者。

与完全参与者相反的极端立场是完全观察者，其中观察者在观察时或在公共环境中处于普通状态时完全看不见研究人员。无论哪种情况，这种观察都不会引起干扰，参与者也不知道。

在4种立场中，提供最合乎道德的观察方法的角色是观察者作为参与者，因为研究人员的观察活动已为所研究的群体所了解，但研究人员的重点是收集数据，而不是参与被观察到的活动。

（5）如何进行观察

进行观察涉及研究人员的各种活动和注意事项，包括道德规范、建立融洽关系、选择关键信息提供者、进行观察的过程、确定观察的内容和时间、保留实地记录及撰写调查结果。

① 道德规范。

任何研究首要考虑的都是以道德的方式进行研究，让社区知道人们观察的目的是记录他们的活动。尽管在某些情况下可能适合采用秘密观察法，但这些情况很少出现而且值得怀疑。研究人员公开一些实地记录，以强调研究人员是出于研究目的而收集数据的。当研究人员初次与社区人员会面时，他应确保告之研究目的，并与他们共享有关研究主题的足够信息。如果传阅现场笔记以供检查，则最终参与者和现场笔记中的参与者应保持匿名，以防止他们被识别出来。

② 获得进入并建立融洽关系。

进入某个领域，必须先完成包括选择地点、获得许可、选择关键信息提供者及熟悉背景或文化等工作。在此过程中，选择一个易于访问数据的站点，目的是收集有助于回答研究问题的数据。

为了获得场景的许可进行研究，研究人员可以携带介绍信或其他相关信息，如某人的隶属关系、资金来源和计划工作时间等。还可能需要与社区负责人会面。例如，当一个人希望在一个博物馆进行研究时，必须由馆长甚至地区文化主管单位授予许可。研究人员应对当地文化表示尊重、中立，而且熟悉文化的背景、社会组织。这些有助于研究人员知道要观察的内容及收集信息的来源。

“闲逛”是研究人员获得信任并与参与者建立融洽关系的过程。通过闲逛，大多数参与者有机会观看、认识和了解研究人员，而不是研究“专业研究人员”角色。这种与人会面并进行对话以在较长的时间内发展的关系，可分为三个阶段：陌生人，正式的、无知的“入侵者”，受欢迎的、知识渊博的亲密朋友。在第一阶段，研究人员是一个陌生人，他正在学习环境下的规则，以免在观察的群体中成为一个异类。第二阶段称为“熟人”阶段，研究人员开始与参与者融合，对场景变得更加熟悉，但他可能不太熟练。第三阶段称为“亲密”阶段，研究人员已与参与者建立了联系，其程度是他不再需要思考他所说的话，而是对交互感到满意。参与者的观察不仅仅是闲逛，有时涉及研究人员在参与者的日常生活中与参与者一起工作并参与日常活动，对观察和解释进行现场记录。

小例子

延伸信息

某位博士在完成与特殊群体社区生活相关的博士学位论文后，被受访群体邀请做额外的采访，收集关于她们生活中的特定信息、对话并进行报告。此报告是该群体在某一阶段内的生存现状，之后这个群体向该博士持续分享了他们在研究后三年内的生活习惯的改变。

6.2.3 观察的过程

1. 观察手册

在进行观察的过程中，我们需要准备一本专用的观察手册，其中包含以下内容。

① 标题页。标题页包括研究名称、日期、地点和参与者编号的字段。

② 当天的计划（后续详细说明）。

③ 介绍与道德责任通知。可以朗读给参与者，提醒他们自己是谁，为什么进行研究，希望观察什么，以及征得允许或同意拍摄照片、录制视频和音频。

④ 任务清单。这是会话中观察到的任务和活动的列表。例如，如果正在观察移动应用程序的使用，则要列出要查看/观看的所有功能和任务。观察每种用户类型的5～10个主要任务或者活动，这些任务可以是非常具体或广泛的任务，具体取决于到达之前对用户的熟悉程度。在整个观察日都要参考此清单，以确保观察到计划所需的一切。

⑤ 观察前访谈（可选）。如果有时间，在开始观察前可安排向参与者询问几个问题。有时，观察前访谈有助于设置背景，更多了解参与者的背景及他们一天的状况。

⑥ 观察笔记。观察笔记是“现场工具包”中关键的组成部分，此处需要记笔记。主要记录正在执行的任务、主题以什么顺序执行、发现的问题等，包括活动/任务类型、一天中的时间安排、任务的持续时间、环境、工具、技术、痛点、喜好等。

⑦ 观察后访谈。与观察前访谈类似，在观察时间表中安排一些时间向参与者进行15～30分钟的简短汇报，询问一天中可能出现的特定问题。

2. 观察清单

准备好观察手册，在开始观察前，仍需要整理一份观察清单。注意，如果以两人或多人为一组进行观察，则每组研究人员都应准备一份清单。

① 书写板。观察对象时，观察需要大量手写笔记，最好准备一个书写板。

② 照相机（具有录制视频和拍照功能）。

③ 录音机。

④ 备用电池、便携式电话充电器和SD记忆卡。

⑤ 知情同意书。

⑥ 空白纸或笔记本。

⑦ 笔。

3. 观察礼节

情境观察要求介入参与者的专业或个人生活，以便进行研究并发现重要的见解，因此要注重礼节。特别是需要提前获得其同意并使其签署同意书。

4. 观察日之前的准备

① 给参与者发送一份“结果预估”的文档，介绍在一天的观察中期望得到的结

果，解释研究目标、进行研究的对象及想观察的任务/事物的类型，还要说明只有征得对方的同意才会拍照或录音。

② 告诉参与者当天的日程，包括开始和结束时间、计划观察的进度等。还要说明日程安排会遵循参与者的日程，以适应他们的日常活动。

③ 在观察前1～2天与参与者确认具体日期、地址、到达时间。

5. 观察当日

① 提早到达。

② 做好观察准备工作。

③ 相互介绍。

④ 查看当天的时间表/计划。

⑤ 许可与同意。如果需要签署知情同意书或者同意拍摄照片/录音，建议备好纸质文件。

⑥ 问题。在开始前询问参与者是否有问题。

6. 观察过程中对研究人员的提示

（1）隐藏自己

在观察中，研究人员的主要目标是了解用户的需求、痛点和动机。为了做到这一点，要最小化研究人员的存在对参与者典型行为的影响。当然，人们有时自然会尝试向研究人员展示最好的行为，因为他们知道在“被监视”。在观察的时间里，研究人员尽量默默观察，不要打扰或打断他们，而是做笔记，并且在安静的时刻或休息时间让他们解释某些问题。

（2）信息的记录

在观察中尽可能多地记录正在观察的所有内容，包括主题正在执行的特定任务序列、有关环境外观、所看到的工具和技术的注释等。此外，尽可能拍摄照片和录像，这将帮助后续回忆有关观察的某些详细信息，并将发现的结果传达给不在现场的研究团队成员。

（3）灵活性和随机性

在进行观察的过程中，参与者可能会感到不自然。研究人员应做到灵活、顺其自然，尽可能多地学习并记住重要的细节。

（4）不要过度停留在范围内

在进行观察前，要确定一组清晰的目标和任务、建立的范围，并预估观察内容，这是为了确保有充足时间观察所需要的一切。

（5）总结

在观察日结束时或之后要做三件事：一是向观察期间在场的其他研究人员汇报，并强调各自观察到的主要异同及问题仍然需要答案；二是整理笔记，如果一周后整理笔记，就容易忘记一些细节；三是将照片、音频和视频整理并保存好。如果持续进行一两个星期的观察，就容易忘记何时拍摄了哪些照片及每个音频记录中的人员。

（6）收集有用观测数据的技巧

表6-3列出了观察中的注意事项，提供了收集有用观测数据的技巧。

表 6-3 观察中的注意事项

1	衣着和举止不引人注目
2	在开始收集数据前熟悉设置
3	观察要简短
4	诚实地向参与者解释在做什么，但不要太详细
5	从“宽视角”转变为“窄视角”，先着眼于一个人及活动、互动，然后回到整体情况
6	在对话中寻找关键词，触发以后对对话内容的回忆
7	专注于对话的开头和结尾，因为这些都是最容易记住的
8	在休息期间，人们会在心理上重述言论和场景
9	积极观察，注意细节，以后再记录
10	查看环境中发生的互动，包括谁与谁交谈、谁的见解得到尊重、如何做出决定；还要观察参与者站立或坐着的位置，尤其是那些有力量的人与没有力量的人，或者男人与女人
11	对观察到的活动的人或事件进行计数，有助于重新了解情况，尤其是查看复杂事件或有很多参与者的事件
12	仔细聆听对话，尝试记住尽可能多的逐字对话，而非语言表达和手势。为了以“新眼神”看待事件，可将详细的笔录转换成更容易理解的字段注释，包括空间图和交互图，以寻求新的见解
13	保持连续的观察记录

7．观察参与者的技巧

① 当不确定要参加什么活动时，应先查看正在参加的活动，尝试确定如何及为何吸引人们的注意力。应记录正在观察的内容、细节，注意正在进行研究的个人经历的内容，确保在整个过程中将分析与观察结合起来。

② 研究人员应不断确认他正在寻找什么，以及是否正在观察或在可能出现的情况下观察，需要将注意力集中在实际发生的事情上。这个过程涉及寻找行为、行动的重复模式或潜在主题。应思考其他学科的人可能感兴趣的事物，根据需要报告的信息种类而不是自认为应收集的信息来查看自己的参与、观察和记录的内容。

③ 专注。

④ 应将笔记记录的过程和后续的写作实践作为实地调查的重要组成部分，使其成为日常工作的一部分且保持最新状态。应记录如日期等细节，以及使用一个简单的编码

系统来跟踪条目。另外，对一个人的情绪、反应和随机想法的反思可能有助于重新获得未记录的细节。还应将注意力集中在参与者的角色上，而不是观察者的角色上。

6.3 观察框架

在制订观察计划时，需要将观察内容具体化，并给予明确的限定。所确立的观察项目与观察目的应有本质联系，能全面反映与研究课题有关的某些特征的变化。在实施具体观察前，应先列出观察框架。不同的设计调研团队使用的方法不都相同。最常用的两种观察框架是AEIOU与POEMS。

6.3.1 AEIOU 观察框架

AEIOU（Activity，Environment，Interaction，Object，User）观察法是一种启发式方法，用于解释行业中人种学实践收集的观察结果。AEIOU观察框架的两个主要功能是对数据进行编码、开发模型的构建块，最终解决用户的目标和问题，如图6-3所示。

A	E	I	O	U
- 点菜	- 夜晚 - 户外 - 灯光	- 将点菜单递给厨房 - 准备食物 - 呼叫服务员 - 食物运输 - 顾客付款 - 人们排队交谈	- 现金 - 收款机 - 食物 - 订单	- 顾客 - 服务员 - 厨师 - 收银员

图6-3　AEIOU观察框架

1．要素

AEIOU观察框架包含5个要素：活动、环境、交互、对象和用户。

（1）A=Activity（活动）

活动是指针对目标的一系列行为，即人们想要完成的事情的路径。例如，人们的工作模式是什么，他们经历的具体活动和过程是什么？

（2）E=Environment（环境）

环境包括进行活动的整个观察环境。例如，整个空间、每个人的空间或共享空间的特征和功能是什么？

（3）I=Interaction（互动）

互动是指人与人或其他事物之间的互动，是活动的基石。例如，人与人之间、环境中的人与物体之间、远距离之间的例行交互和特殊交互的本质是什么？

（4）O=Object（对象）

对象是环境的组成部分，有时会将关键元素用于复杂或意想不到的用途（从而改变其功能、含义和上下文）。例如，人们在环境中拥有哪些对象和设备，它们与他们的活动有何关系？

（5）U=User（用户）

用户是指观察其行为、偏好和需求的人。例如，谁在那儿？他们的角色和关系是什么？他们的价值观和偏见是什么？

2．优缺点

（1）优点

适用于记录观察结果和小细节，创建活动的可视化地图，帮助发现潜在的需求和解决方法。

（2）缺点

不利于记录宏观社会、政治或文化状况；不包括随时间的变化；过于关注当前被观察者，排除其他参与者。

3．如何创建AEIOU观察框架

AEIOU观察框架提供了一个用于观察上下文查询和收集定性数据的模板。只需使用该框架即可创建工作表，该工作表可以在现场供研究人员使用。除照片、音频和视频等其他人种学方法外，它将有助于收集观测数据。工作表可以设计为一个简单的文字处理文档，也可以在每部分添加用于记录笔记的空间，如表6-4所示。

表6-4　AEIOU观察框架工作表

<table>
<tr><td colspan="2">日期：</td><td colspan="2">项目名称：</td><td colspan="2" rowspan="2">研究类型</td></tr>
<tr><td colspan="2">时间：</td><td colspan="2">研究人员姓名：</td></tr>
<tr><th>活动</th><th colspan="2">环境</th><th>交互</th><th>对象</th><th>用户</th></tr>
<tr><td></td><td colspan="2"></td><td></td><td></td><td></td></tr>
</table>

4. 如何使用AEIOU观察框架

AEIOU观察框架可以为用户研究提供指导。在探索性研究中大多有冗长的技术特定讨论指南，因此数据收集通常很广泛，后续的分析将确定信息的类别。在这种情况下，AEIOU观察法可以成为根据启发式观察策略调整团队并计划研究数据收集的方法。通过AEIOU观察框架可以捕获所看到的内容（参与者的肢体语言、使用的人工制品等）和所听到的语音内容（引语、故事、关键字、矛盾等），还会感觉到用户的感受（情绪、信念、困惑等）

- 通过人种学方法收集资料，如笔记、照片、视频、访谈、实地观察等。
- 在户外观察期间，可以将AEIOU观察框架作为观察周围环境的镜头。
- 将观察结果记录在适当的标题下。
- 适当用照片或视频补充直接的观察结果。
- 审查并集中观察，以传播更高级别的主题和模式。

6.3.2 POEMS观察框架

POEMS观察框架为观察笔记提供结构，指导观察者更轻松地总结观察笔记并识别内容存在的相关性和对比。POEMS代表人、物品、环境、信息和服务5个方面，观察框架如图6-4所示。

图6-4 POEMS观察框架

1. 要素

（1）P=People（人）

环境中的人口统计、角色、行为特征和人数。

（2）O=Object（物品）

人们与之互动的物品，包括家具、设备、工具等。

（3）E=Environment（环境）

环境包括建筑、照明、温度、大气等。

（4）M=Messaging（信息）

信息包括口号，社交、专业互动和环境中的语言。

（5）S=Service（服务）

使用的所有服务，如应用程序和框架等。

POEMS 观察框架工作表如图 6-5 所示。

项目名称： 活动： 地点：

时间： 日期：

活动详情：

人： 主要人群分析。 M F O	物品： 列出人员在环境中使用的物品。	环境： 描述周围环境的主要特点。	信息： 沟通的信息或对话及如何沟通。	服务： 服务列表提供的服务。列出可供用户使用的服务。

用户体验观点：	总体思路和意见：

图 6-5 POEMS 观察框架工作表

2. 使用方法

表 6-5 总结了 POEMS 观察框架的流程和注意事项。

表 6-5 POEMS 观察框架的流程和注意事项

首要目标	为了在用户观察期间指导研究并提供笔记的结构，使观察者整理笔记、确定相关性并进行对比
何时使用	在用户和环境观察期间，建议在研究阶段
所需时间	快速观察（15分钟）或长时间（1小时以上）研究
参加人数	1位主持人+1～6位参与者
参加人员	设计师、产品负责人、开发人员
耗材	纸质POEMS观察框架工作表和笔

6.4 练习题

对某博物馆内现有信息交互装置进行研究，研究对象为45～60岁的中老年人。观察中要注意交互装置与人之间的互动行为及人对装置的情绪反馈。

调查场所为博物馆内，对象人数为5～10人。

知识要点提示：

- 如何规划观察；
- 使用 AEIOU 或 POEMS 观察框架进行分析并完成总结报告。

第 7 章 口语报告法

口语报告法是目前常用的用户体验分析方法，属于一种定性研究方法。本章主要介绍口语报告法的定义、优缺点、流程及信度和效度。对口语报告中的步骤和环节，结合了数字媒体设计中的实例加以解释，在对应环节的应用中给出了口语报告分析和评估用户体验时的关注点与问题事项。

学习目标：

- 理解口语报告法的定义
- 了解口语报告法的分类
- 掌握口语报告法的设计和执行
- 了解影响口语报告法效果的因素

7.1 口语报告法概述

7.1.1 口语报告法的几个概念

1. 定义

口语报告法又称出声思维法，由德国著名心理学家威廉•冯特（Wilhelm Wundt）于19世纪末20世纪初首先提出的内省法发展而来，是一种收集用户数据的方法，常用于心理学、用户体验和社会科学中的一系列用户研究和测试。口语报告法要求被试者执行一个或一组任务，将头脑中进行的心理活动、思维过程用口语表达出来，并大声说出他们在执行任务过程中的想法，测试往往以录音或录像的方式进行，以便研究人员根据结果对被试者的心理活动进行研究及回顾。

20世纪50年代，随着认知心理学的崛起，口语报告法开始应用于问题解决和知识加工等领域。1976-1993年，认知心理学家安德斯•艾利克森将口语报告法应用到人类专家绩效研究领域中并取得了相当的成就。同时，认知心理学学派通过口语报告法等方法模拟人的信息加工过程，将人脑比为计算机来探究人如何进行推理、记忆、理解等心理活动，致力于揭示人脑的秘密。在心理学应用中，口语报告法被认为能揭示心理活动的脑机制，进而了解人的心理功能的特点。

口语报告不仅可以口语表达，还可以文本的形式呈现。问卷调查、日记及书面报告就是研究人员常收集的研究材料，以了解被试者对知识、事物的态度。

注意

口语报告法是一种严谨的科学研究方法，不同于平常的用户讲述。

2. 特点

口语报告法的基本假设是，当被试者一边执行任务一边大声说话时，其不间断的言语能有效地“转储”工作记忆中的内容。因为语言是人类思维的载体，是人类交流思想、表达情感最自然、直接、方便的工具。口语报告法能揭示个人策略、工具或服务的运用及情感反应等信息，指导被试者在不改变思维次序的前提下用语言表达自己的想法，由此获得的数据可视为有效的反映思维过程。因此，口语报告法可用于深入研究认知过程，逐渐成为各行各业研究人类认知行为的可靠方法。

3. 被试者的选择

被试者应愿意在解题过程中进行出声的汇报；有较强的口头表达能力，能准确地表达他们的思维过程。因此，要选择表现中等以上的被试者，因为他们更可能提供正确合理的加工过程。另外，还要注意性别的平衡即男女比例的平衡。

口语报告法的目标就是让被试者能将自然产生的想法用语言表达出来，如果被试者用语言表达其思维过程的行为不会影响思维次序，其工作表现就不会因为口语报告的过程而发生改变。多项研究显示，相对于安静地完成相同任务的被试者，没有证据表明进行口语报告的被试者其思维次序会发生改变。同时，一些研究也显示，口语报告法的被试者将花费略微长的时间来完成任务——这是因为将思维用语言表达出来需要额外的时间。

注意

口语报告法的报告过程不能影响到被试者的操作和任务。

4．口语报告法的分类

口语报告法的分类如表7-1所示。

表7-1　口语报告法的分类

<table>
<tr><th>分类方式</th><th colspan="6">内容</th></tr>
<tr><td>按报告时间分类</td><td colspan="3">同时性报告</td><td colspan="3">追述性报告</td></tr>
<tr><td>按报告内容分类</td><td colspan="2">自述式报告</td><td colspan="2">自我观察式报告</td><td colspan="2">自我启示报告</td></tr>
<tr><td>按报告方式分类</td><td colspan="3">经验内省</td><td colspan="3">实验内省</td></tr>
</table>

（1）按报告时间分类

① 同时性报告。

同时性报告是让被试者一边完成测试内容，一边说出自己的所有心理活动，描述其思考过程而无须解释原因，思维与口语报告同时进行，是即时的语言陈述。在同时性报告的过程中应该注意的是，不能要求被试者对操作过程中采取的策略或步骤给予解释，以免打扰被试者的思维顺序和思考模式。

② 追述性报告。

追述性报告要求被试者在完成任务后，回忆其思考过程，整个过程可以录音或录像，事后测试者和被试者可以一起通过音像资料回顾整个测试过程。例如，如何解决那个困扰你的问题？如何找到你需要的信息？

简单来说，同时性报告是对当前信息的加工和存储，处理短时回忆中的信息；而追述性报告提供的是长时记忆的信息，被试者可能会结合原有经验对思维内容进行推理和补充。

同时性报告比追述性报告的信息更具有参与性和准确性。

（2）按报告内容分类

关于意识过程的认知研究方法，口语报告按其内容可分为自述式报告、自我观察式报告、自我启示报告。

① 自述式报告。

自述式报告是指被试者对他们自己的语言学习行为的个人描述，而不是建立在某个特别事件的观察上。

② 自我观察式报告。

自我观察式报告是指有意识地注意自己行为的各个方面，然后通过报告内容对已有状态和行为进行分析从而得出结论。该报告有两种形式：一种是个人凭其非感官的知觉审视自身的状态和活动以认识自己（即经验内省）；另一种是要求被试者把自己的心理活动报告出来，然后通过分析报告内容得出结论。个人特性、语言和非言语行为及环境特性都应作为报告研究的变量。

③ 自我启示报告。

自我启示报告也称自我外化（self-externalization），既不是被试者对测试任务行为的解释，也不是对特别事件的观察和反省，而是被试者对测试任务的直接的没有加工过的思考过程的反映。

（3）按报告方式分类

① 经验内省。

经验内省是指个人凭非感官的知觉审视自身的某些状态和活动以认识自己。经验内省是自我提升、自我扩张、自我解决问题的一种主观方式，不管是什么问题困扰，通过内省的方式来整理思绪都可以给出一些答案。但是，由于经验内省太过于依赖意识经验而逐渐受到研究人员的冷落。

② 实验内省。

实验内省要求被试者通过观察和分析任务中的感知陈述其思想，研究人员通过分析报告资料得出某种结论。实验内省式报告中，被试者在观察的过程中还充当分析者和研究人员的角色，因口语报告内容过于主观而备受争议。

在具体的应用过程中采取哪种方法要根据研究目标和测试对象实际调整。

5．优缺点

（1）口语报告法的优点

口语报告法可作为一种理解思维过程的有效数据来源，对于问题的解决具有较强的应用性。即时回顾的口语报告法，有助于学习者在学习词汇时描述其策略。

研究人员可以通过减少被试者效应对被试者反应进行鉴别，科学的转译和编码可以有效地验证口语报告法的有用性和客观性。同时，随着人工智能技术的发展，以及脑功能成像技术和大脑活动测量技术水平的提高，结合反应时间、错误率、眼动追踪等研究手段等，口语报告法的深度和观察测量的客观度、准确度将会有更大的进步空间。

口语报告法是心理学研究中比较令人满意的一种研究方法，在研究和发现被试者的潜在心理过程中具有一定的作用。在口语报告法发明以前，心理学家研究人们的思维过程是偏内省的，而口语报告法是偏客观分析与行为分析的，适合研究人类的专业技能习得。

（2）口语报告法的缺点

口语报告法对那些自觉意识之外的下意识行为是无能为力的，即无法得到被试者思维的完整记录，因此需要其他方法作为补充。

口语报告法容易受到被试者记忆能力有限或者无法用言语表达内心真实想法的限制，使原有的信息资料存在丢失或者不客观的问题。

口语报告法存在潜在的负面效果，即被试者的忠实度因人而异，部分被试者可能会在提供口语报告时加入自己的其他想法，不能将其作为实时考察被试者思维过程的方法。

研究人员因为研究问题、理论基础的不同而各出已见，对分类的编码标识也各不相同。作为一种研究手段，口语报告法的编码依赖于特定的研究对象，因此很难建立一种统一的标准模型，这使研究难以重复验证，各研究之间很难进行交流、相互促进，不利于深入、全面地研究人类高级认知。

注意

口语报告法数据的有效性受到被试者状态和表达能力等因素的影响。

7.1.2 口语报告法在数字媒体用户体验分析中的应用

口语报告法是研究人类内隐心理过程的一种有效方法，在数字媒体用户体验分析中有独特的优势，用户体验研究的目的是发现用户思维和行为背后的规律。口语报告这一新兴的定性研究方法在数字媒体用户体验分析中的应用范围日趋拓宽，应用方式也呈多样化。

1. 分析用户行为

当推出一款新的数字媒体应用时，人们最初使用的方法常常在开发者的预期之外，如误解表单标签或者做不对应的事。人们普遍认为，用户在使用智能应用时都不会仔细阅读说明图文，这是因为他们不是处于阅读模式，而是处于行动模式。我们都有这种情况，在工作中遇到一项任务时手足无措，不知道如何完成任务。例如，表单输入框旁有提示文字，类似说明电话号码输入格式的那段文字，我们通常快速略过这段文字，然后想当然地输入某些内容；或者一些小提示通常出现在最开始的地方，而我们仍然注意不到它们。使用口语报告法可以有效分析用户的使用行为，发现存在的问题和障碍。

2. 听取用户描述

随着互联网新生代人群品牌意识的觉醒，移动互联网的出现使用户的重要性不断上升。例如，小米每周都会通过用户反馈进行产品的迭代，用户反馈可以直接到达产品经理端，产品经理每天要聆听大量的用户意见，并将这些意见收集整理，在产品迭代中采纳。

3. 发现对设定的误解

使用口语报告法可以深入观察用户的行为，当看到用户的非预期行为时，可以返回审视设计，从不同群体的角度审视设计是否存在合理性的问题。人们在行动模式中不会仔细阅读，这并不是缺陷，而是生存技巧。人们面对产品时普遍存在“一种够用就好”的心理，这称为满意策略。用户有时会忽略设计师精心准备的提示，或者不按设计师设想的方式使用产品。

小例子

世界上第一台便携式电子玩具

在面临未知的挑战时，不能一味听从用户的想法。设计师可以倾听用户的意见，听听用户是怎样想的，看看他们是如何尝试完成某项操作的，了解他们对设计的真实反映，以及他们期待的是如何实现的，再去寻找这些问题的解决方案。

德州仪器公司（Texas Instruments）出品的益智电子游戏机Speak&Spell，既不是单纯的玩具，也不是单纯的教学用具，更不是单纯的电子游戏，如图7-1所示。Speak&Spell中有5种益智类游戏，能够帮助儿童在玩乐中学会识字，是一款定位于寓教于乐的互动性电子产品，于1978年初次投入市场，售价为每台50美元。在当时的环境中，这种新颖的理念无法进行相应的市场定位，在一次市场调研中，大部分参与调研的家长认为这是一款吵闹的玩具，且游戏发出的合成声音过于呆板和冷漠，调研结果让人大失所望。

后来公司用批判性的眼光看待用户的认知，致力于向用户传达一个新的理念。最后这款游戏机得以面世，一经推出便风靡一时，大受孩子们的欢迎。

图 7-1　德州仪器公司益智电子游戏机 Speak&Spell（来源德州仪器官方网站）

7.2　口语报告法的流程

7.2.1　典型案例：基于口语报告法的数据库检索行为研究

学习目的：了解口语报告法的流程、被试者类型的选取。

重点难点：语音的转译过程，调查结果的数据分析。

步骤解析：

1．研究目的

运用口语报告法分析不同层次用户在检索数据库时的过程和行为，通过实证研究对比不同层次用户的数据库检索行为的差异，并对这些差异及其内在机制进行分析，目的在于从中找到有利于优化数据库检索系统的因素，提出优化数据库检索系统的建议。

2．被试者选取

按照一定的规则选取4组被试者，每组5人，共20人。本研究把影响用户信息检索行为的因素分为两个维度：一是对检索课题内容熟悉程度的差异；二是网络信息检索技能的差异。前者反映用户对与检索课题相关领域知识的熟悉程度，后者反映用户对数据库检索功能的应用水平及检索策略的灵活运用程度。依照这两个维度，把被试者分为4种，即4个组，如表7-2所示。

表 7-2　被试者类型

影响因素	熟悉检索课题	不熟悉检索课题
检索技能熟练	A1	A2
检索技能不熟练	B1	B2

基于这个标准，A1选择了广东财经大学图书馆老师作为实验对象（专家）；A2代表广东财经大学艺术与设计学院没有上过检索课的研一学生；B1代表广东财经大学图书馆语言学专业的研一学生；B2代表广东财经大学没有上过相关检索课程的大一新生。

3．实验任务

在实验开始前，将任务告知每个被试者。实验所给定的数据库检索平台是中国知网的中国学术文献网络出版总库，实验任务是在这个平台检索“利用牡蛎壳进行废水净化”的有关文献，文献的发表时间为2002-2012年，检索的文献类型包括期刊、硕士学位论文、博士学位论文、会议论文等。

4．口语报告和记录

被试者在实验的过程中，边思考问题边进行口语报告，把检索过程中的想法及心理过程说出来。研究人员在旁边用录音机或录像机将被试者的口语报告录下来。

5．结果分析和统计

本实验使用录像机来记录被试者的具体检索过程。研究目的是考查被试者专业领域的熟悉程度及检索技能的熟练程度对信息检索行为的影响。因此，研究人员认为检索行为的差异主要体现在被试者专业领域的熟悉程度、检索策略的优劣。分析工作就是把这些考查内容转化为可以测量的指标。

本实验主要以相关检索词为指标，这个指标是统计出被试者运用自己的专业领域知识分析出能够正确表达检索问题的检索词，并且运用它进行检索。如果相关检索词数量越多，则意味着检索者对检索课题领域的知识了解程度越高，检索词表达得越精确。编码方案是，被试者利用专业知识分析出检索词，对检索问题进行准确表征的记为“Y”，最后统计使用的数量。

由于分组是根据专业知识和检索技能两个维度进行的，数据之间的比较需要设定一个维度不变的情况，去探讨另一个维度对结果的影响，因此得出检索词数据后，可以使用SPSS软件对四组配对样本做t检验，进行差异性分析。

案例总结：口语报告法需要仔细挑选被试者，让不同背景和操作能力的被试者保持平衡。口语报告的数据需要经过严格编码和转换，以实现进一步的统计分析。

研究人员运用口语报告法一般分为3个基本步骤：问题设计、口语报告与记录、分析结果。

7.2.2 问题设计

1. 问题种类和设计

口语报告法的第一个阶段是问题设计，即研究人员根据研究目的设计出容易展开的操作任务，并且给出合适的指导语。例如，这是一道某某问题，你的任务是解决这个问题；在解题时，请边想边说，并随时写下你要说的内容。

在口语报告法中，研究人员在进行测试前需要对问题的全面性、综合性加以思考和判断，以便对问题展开分析。口语报告要求研究的问题必须是被试者需要进行思维加工的问题，同时被试者应根据要求简洁明了地概括思考问题的整个思维过程。

口语报告法中的问题类型如表7-3所示。

表7-3 口语报告法中的问题类型

问题类型	开放性问题	引导性问题	封闭性/直接问题
示例	“你会怎么描述我？”	“我们最好的功能有哪些？”	“我笑的时候好看，还是皱眉的时候好看？”
回答范围	这种问题可以得到多种答案。若要获得尽可能多的反馈，则可以提这种问题	这种问题将答案限制为某种特定类型。上面这个问题的隐含意思是，我们已经有了一些不错的功能，但其实不一定。注意：问这种类型的问题可能不会得到想要的答案	这种问题提供了选项：是或不是，这个或那个。注意：如果选项很单一，结果也会单一。 提示：不要问没有任何作用的问题

经验

研究人员在问题设计时就应确定对研究问题分类的规则和相应的符号代码，即建立编码体系。

2. 问题的循序渐进

知识具有阶段性的特征，是一个循序渐进的过程，相应地，在问问题阶段也有一个逐步提升的过程。最初，在一个陌生的领域，人处于完全无意识和不胜任的状态，基本上对自己需要掌握什么都是一无所知的。每个领域都有相关的专业性术语，然而人们并不理解或者未曾听过，在这个阶段，经常会问一些常见性的问题。经过学习，问题得到了回答，在这个阶段，人们开始了解自己有多少不知道的，开始看到相关领域的范围，并且意识到自己已掌握和未掌握的内容，从而朝向有意识不胜任的状态进步。随后，经过大量的接触和学习不同类型的项目，人们逐渐进入有意识能胜任的状态，这就意味着人们开始对这个新领域有自己储备的知识点和理解点，可以与这个领域的相关学者谈论该领域的最新动态消息，考虑相关的策略行动并能够胜任其中。最后一个阶段是掌握精通。这不是短时间内能够完成的，而是需要长年累月的提问、工作、建立经验和熟悉领域的各个方面才能达到的。因此，口语报告法的问题设计需要测试者懂得相关专业术语且具备问题意识，才能设计出一个好的实验任务。

注意

不要设计不经思考就可以直接回答的问题。

7.2.3 口语报告与记录

1. 被试者训练和指导语

正式实验前，需对被试者进行口语报告训练，使他们了解口语报告的操作要求，能正确报告其思维过程。研究人员的指导语非常重要，同时性报告的一个常见范例是："请你解答这道题，在解题过程中，请你边想边大声地说出你头脑中的想法和思考步骤，注意不要解释步骤的原因。"

2. 记录和追问

在被试者进行口语报告时，研究人员最好不要说话或提问，以免打断被试者的思路，并用录音机记录被试者的口语报告，同时也要记录被试者的特殊行为反应及其发生、持续的时间。在追述性报告中，报告内容的可靠性与提问方法紧密相关，提问越及时、恰当，报告就越可靠、准确。

注意，在实验进行前或进行过程中，研究人员均不能向被试者暗示通过该实验希望得到何种具体信息，以免被试者故意取悦研究人员，在口语报告时提供一些不真实的信息。

7.2.4 分析结果

1. 资料转译与编码

因为口语报告的录音不便于分析，所以需要将其转换为书面记录的形式，这个过程称为转译与编码。转译与编码是口语报告分析过程中最重要的一步，也是评价口语报告法客观性和科学性的关键一环。转译是为了使具有相同意义的句子获得统一的形式，即将言语陈述的句子转换成符号形式的句子，使译文符合目标语的表述方式、方法和习惯，对原句的词类、句型和语态等进行转换，便于统计分析。编码是指根据口语报告中句子的意义分类，并用一定的代码标记出来。具体来说，编码就是，在词性方面，把名词换成代词、副词、形容词、介词，把形容词转换成副词和短语；在句型方面，把并列句变成复合句，状语从句变成定语从句等；在语态方面，把被动语态变为主动语态等。

在此过程中，不能任意删改、增加内容，尽量做到一字不漏。对口语报告进行分解的基本规则是，将具有独立意义的语句作为一个句子处理；在一个句子中转变语气时，应作为两个不同的句子处理；感叹词或评价结果的词应作为单独的句子处理；分解后的句子都要标上相应的时间；用统一、特定的符号进行编码，便于研究人员进行量化统计分析。在数字化媒体时代，可借助相关的翻译软件对被试者音频进行文字转译，但必须要有人工参与检查过程。因为被试者在没有任何准备的情况下答题，存在一定的思考停顿、主谓倒装描述或带有相关语气词，软件不能察觉和揣摩被试者的心情或心理过程，因此需要在借助辅助设备的同时反复检查，避免出错。

技巧

按照语句的意义，对被试者的回答按思维主题对报告文本进行分段，分段可以不考虑句子语法的完整性。

2. 数据分析方法

常用的口语报告数据分析方法是由纽厄尔（Newell）和西蒙（Simon）提出来的“问题行为图”技术，这是对问题解决过程的口语报告资料进行分析的技术，可以使人直观看出被试者在问题解决过程中进行的操作和经历的状态。被试者问题解决中的思维操作由知识状态和操作方式组成。知识状态即被试者在某一时刻意识到的全部信息，操作方式是指具体的思维加工行为，即被试者每次用来改变其问题状态的各种手段。问题行为图用一连串方框表示一系列知识状态，用箭头连接方框表示操作，每次操作都将改变知识状态，使思维过程前行，直至达到目标状态。

问题行为图是一种能够把内部思维序列外显化和精细分析的有效工具，在图形绘制过程中按照时间先后顺序将思维过程中所进行的各种知识转化和思维操作序列直观呈现，便于区分哪些是思考内容，哪些是思考方式，以清晰地把握个体思维的发生、发展与变化过程，如图7-2所示。

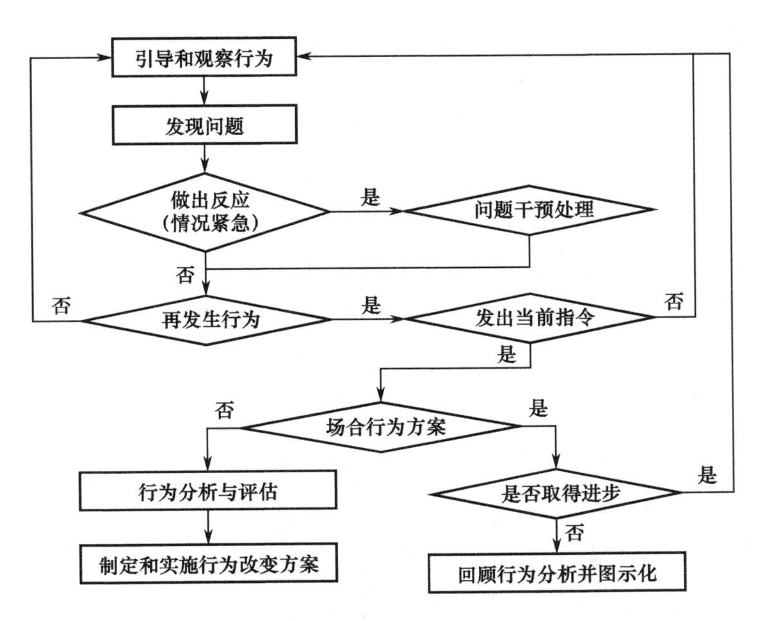

图 7-2　问题行为图的流程

7.3　口语报告法的信度和效度

严谨的设计能够提高口语报告法的信度和效度，对编码的口语报告语句进行统计分析和定量化考察复杂认知的过程机制，能更好地提高一个给定的任务数据质量。

7.3.1　评分者间信度

口语报告转译、编码和分析过程是否具备充分的信度？这个问题一直深受人们质疑。因为知识背景、理论基础和研究预期等不同，研究人员转译录音资料及划分被试者的语句片段、标志、分析指标都会有差异。研究中，可由两名研究人员独立对录音资料进行转译和编码或进行前后两次评定，计算评分者一致性信度，以增加研究的客观性。

口语报告还可能受被试者社会心理因素的影响。被试者可能会有意识地隐瞒失误、猜测研究人员的意图而进行讨好式的报告，或因提高了动机水平而影响问题解决。口语报告法能否真实地反映被试者实际的思维过程，需要研究人员尽量控制各种无关因素的干扰，减少被试者效应，并对被试者的反应进行鉴别。

如果两个或两个以上的评价者给数据评分，需要做评价者之间的信度检查，以确保评价者之间是采用相同的标准进行评分，形成多人对口语报告数据独立编码的一致性，便于数据真实性和客观性的表达。

7.3.2 效度和结果的运用

目前，口语报告的效度问题仍处于争论之中，主要集中在三点：第一，准确性，报告是否能够准确反映被试者的思维内容；第二，完整性，口语报告的信息收集是否能提供足够的被试者认知过程的信息；第三，反应性，口语报告是否会影响思维的正常进程。

尼斯比特和威尔逊认为口语报告通常不能准确描述人们的认知事件，在实验中发现大多数被试者没有报告出研究人员的操作对行为产生很大的影响，人们没有通向调节行为的认知过程的直接内省通道，也没有能力直接观察并报告出高级心理操作。大多数研究人员认为，该方法能够较好地反映被试者的思维过程，关键在于处理口语报告文本的编码。艾利克森和西蒙指出，口语报告的编码必须适合研究的任务特点，同时要能够解释过程中的各种行为。

总体来说，研究结果的使用者们对充足材料的任务需求是十分迫切的。这些信息说明口语报告的反馈所得及报告的使用者对被试者完成任务的程度的了解情况。一旦收集了数据，就会直接影响建立认知的理由和其后的数据分析的真实过程。考虑到评价的可靠系数和效度的问题，评价者应多于1人。

7.4 练习题

使用口语报告法研究大学生网上购物的用户体验。选择大一、大二、大三年级学生各10名，在每个年级的10名学生中，选择有计划性购物和无计划性购物学生各5名。其中，男生14名，女生16名。测试材料准备如下。

（1）购物清单的列举

为测试学生的购买力，将学生的购物清单按学习用品、生活用品、美妆用品等分类，以考察学生校园需求及对网购物品属性的了解。

（2）测试材料

录音笔5只，铅笔10支、削笔器和橡皮各5个。此外，还需准备5个安静的教室和1个办公室。

测试前，研究人员需要对测试者进行培训，让他们熟悉测试程序、注意事项和录音笔的使用，以确保测试的质量。测试后采用逐字逐句的转录方式将30名学生的音频转换为文本文件，详细列出参加口语报告测试学生的报告时间、报告字数、购买数量及价格，最后将详细的口语报告时间和转录后的文本文件字数汇总在一个表格中，从而得出结论。

知识要点提示：

- 如何提出问题假设；
- 如何抽取样本和分组；
- 如何转译口语报告录音资料；
- 如何分析数据并总结。

第 8 章 卡片分类法

卡片分类法是目前常用的用户体验分析方法，是一种以用户为中心、应用于互联网技术行业的信息架构设计方法。本章介绍卡片分类法的定义、特点、分类、执行及偏差。对卡片分类过程中的步骤，结合了数字媒体设计中的实际例子加以解释。

学习目标：

- 理解卡片分类法的定义
- 了解卡片分类法的类型
- 掌握卡片分类法的设计和执行方法

8.1 卡片分类法概述

8.1.1 卡片分类法的定义及特点

1. 定义

卡片分类法是一种将内容、名字、图标、对象、想法、问题、任务或其他项目归到实际的或在某些程度上有相似性的虚拟类别中的方法。卡片分类法可简单理解为一种要求将信息按逻辑分组的设计方法，通过卡片分类的形式对信息结构进行编排，提取产品中的主要功能点并让目标用户进行分类，再现目标用户心中理想的信息架构方式和分布，发现和分析设计师与用户在信息架构上的区别。

卡片分类法是一种可靠的低成本的信息体系结构研究方法，可以提高信息架构的可用性，帮助研究人员对重组的信息进行直观的层级分类。它在设计的初步阶段（或重新设计）是最有效的工具之一，针对调研分析阶段的用户需求可以收集到大量的经验、知识、想法和意见等语言、文字资料，依据直观上的联系性，按其相互亲和性

（相近性）归纳整理这些资料，目的是明确用户需求，发现各个问题之间的联系，发掘潜在的设计机会。

注意

卡片分类法是以用户为导向的可用性研究方法，主要运用在信息架构设计阶段，可根据项目的实际情况在不同阶段搭配使用。

2．特点

卡片分类法是以低成本、低技术水平的方式来帮助设计师了解用户的一种工具，可以让用户直接参与信息的组织。卡片分类法源于George Kelly的个人建构理论，即人与人之间既有共性的认识特征，又有各自独特的特点，因此每个人对同一事物的理解及分类都会有所不同。

小例子

电商购物网站的导航设计

设计购物网站需要对大量信息进行分类整合，明确其中的内容层次和优先级的排列布局，以及信息分类的概念及分量。电商购物网站导航分为服装、饰物、日用品、家具等类别是基本确定的。对于用户如何理解二级分类，如用户如何理解“袜子”，他们会把“袜子”放在饰物类别还是服装类别；灯具应该属于“日用品”系列还是“家具”系列，可以通过卡片分类法寻找答案。

3．优缺点

（1）优点

卡片分类法的优点在于有效发现用户需求，为信息架构提供构建参考，如信息的需求分析、用户目标分析和持续可用性分析。

卡片分类法用最直接的方式揭示用户信息组织及导航的组织架构能力，得到真实用户对信息构架的反馈，帮助研究人员发现用户的心智模型。

卡片分类法是一种快速、简单、成本较低、技术含量低的方法，对于研究人员而言可以在短时间内收集到大量用户信息和数据。

前期准备时间和花费少，只需小卡片和笔即可，容易实施，收集用户的见解和反馈，帮助理解用户需要的信息分组，并识别出用户难以理解的概念。

具备定性和定量相结合的方法，研究人员结合事后的访谈和用户数据，一方面可以得到完整的数据；另一方面可以探索和追究数据背后呈现的具体原因。

小例子

亚马逊网上书店的信息检索

亚马逊网上书店是一个B2C电子商务网站，创立于1995年，是电子商务的经典代表。在战略层，其目标定位为一般性的普通用户，提供书名、作者、主题、出版社、ISBN等多途径的检索服务，从而为用户提供尽可能多的信息。在范围层，图书分类按主题区分、以字母顺序排列，用户不仅可以使用Web检索，还可以进入书中搜寻。在结构层和框架层，首页简洁明快，板块结构分布合理，频道设置突出用户至上的原则。其中，网站主要划分为非常个性化的4个栏目：你的书店（Your store）、你的金盒（Your gold box）、个性化推荐（Personalize Recommendation）和个性化的亚马逊（Personalize Amazon），使用户及时掌握各种信息，其灵活的技术手段和人性化设计使用户能够在购书过程中获得积极的用户体验。亚马逊网上书店的信息构建模型如图8-1所示。

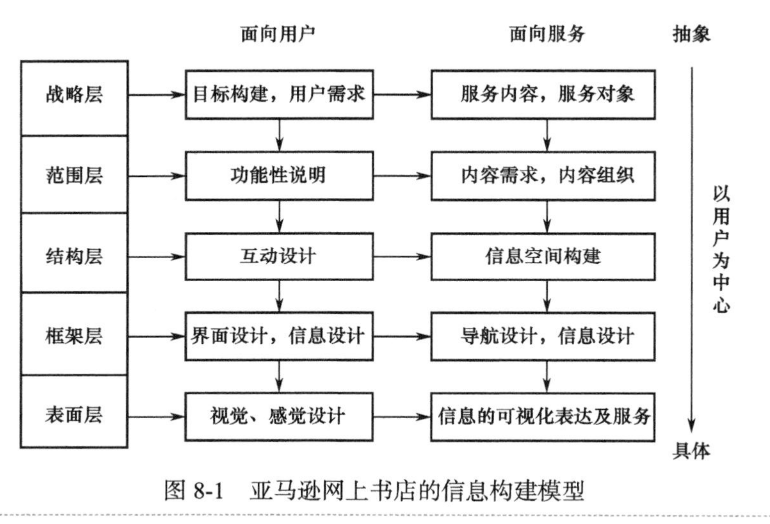

图8-1　亚马逊网上书店的信息构建模型

（2）缺点

因为目标用户群体具有复杂性，实施前样本抽取的方法是否合理、样本是否全面、是否具有代表性都会影响结果的差异，无法保证分析结果的客观性。

卡片分类法虽然有助于理解用户的心理模型，但前提是用户必须具有出色的组织能力，因此，卡片分类的结果分析在一定程度上受到用户文化背景、个人经验、组织水平的影响。

小组分类中，用户可能会受到他人的影响，从而造成判断错误或者出现极端想法。

由于卡片较多，分析需要耗费的时间长，卡片数量或者试验参与人数多，同时把握整体的分组结果就非常困难。

不考虑用户目标，卡片分类法本质上是一种以内容为中心的技术。若直接按照自己的设计美感输出和优化方案，效果则不尽人意。

注意

卡片分类法的分析结果与分析所耗费的时间往往不成正比关系，若被试者只通过表面特征进行排列，最后无法得出真正的用户需求而只能捕捉到“表面现象”。

8.1.2 卡片分类法在数字媒体用户体验分析中的应用

卡片分类法普遍应用于数字媒体技术的概念分析、交互设计和用户体验分析，能够帮助研究人员验证信息架构分类的合理性，并发散创意思维和搭建用户心理模型。

1. 分析用户需求

用户的表象需求有很多，通过归纳总结可以将用户需求分为三个来源：第一，用户的痛点，痛点强度越大，需求越强烈，为刚性需求（也称功能需求或物质需求）；第二，用户的兴奋点，由兴奋点产生的用户需求同样很强烈，但是在优先级排序上往往靠后，可以称之为非刚性需求；第三，用户最深层的需求——情感需求。情感需求分析就是通过各种方法捕捉用户内心情感方面的信息，并对此进行深度分析，得出用户个人情感差异和内在需求。值得注意的是，痛点是用户需求的基本来源，但是不等于需求，痛点能否变成需求取决于我们是否有能力来解决这个痛点。

对于用户的基本特征（如性别、年龄和地域等）我们可以轻易地获取，但是难以辨别哪些是活跃用户、哪些是流失的用户，以及对用户兴趣喜好的挖掘程度不深。发现痛点是挖掘需求的第一步，痛点通常是依靠体验得出来的。

小例子

小米微博用户分类

下面以小米微博作为案例研究。首先，对小米旗下微博账号所发布的微博信息进行用户信息提取。值得一提的是，所提取的微博信息需要遵循以下几点要求：

- 转发、评论的数量足够多，粉丝互动足够多；
- 以近期发布的微博信息为主，保证较强的时效性；
- 尽量对多条微博信息进行分析，得到其中的共性、重合部分，保证信息的稳定和准确。

然后，遵循以上要求，分别选取小米旗下的2个微博账号中的3条转发量较大的微博信息进行微博传播分析。

最后，通过微博大数据分析工具——微分析对3条微博进行用户画像分析，了解粉丝的情感特征信息。

2. 信息架构

在数字化、智能化、信息化技术迅速发展的时代，不同话题下的信息量不断增加，使用户难以高效率、集中注意力浏览有效的信息。因此，针对不同的话题讨论，需要设计出最适合该场合的信息架构框架，帮助用户快速阅读并理解信息进而提高解决问题的效率。同时，信息架构不是一成不变的，需要根据人、信息和环境的连接不断地更新迭代。简单来说，信息架构发挥着连接的作用，即把人、信息和环境连接起来。

信息架构的含义是指一种连接信息用户，让用户按设计好的流程进行操作，形成任务闭环的工具。关于信息架构的确定和系统的优化，需要使用多种方法共同完成。要想设计连接能力突出的信息架构，需从情景、内容、用户三方面进行综合考虑。卡片分类法只是确认最终架构的一种有效手段，用户访谈、竞品分析等调研结果也是重要的参考指标。

卡片分类法适合解决子级信息元素庞杂、设计师又不能确定每个子级信息元素属于哪种类型的问题。例如，网站的重构需要分为多少个大类？哪些内容版块是在第一层级的，它们应该归为哪一类？哪些版块需要单独罗列出来？重新设计一个应用App，如何确定一级导航和二级导航？只有确定了信息元素的数量适合使用卡片分类法，想通过卡片分类法理清信息元素之间的逻辑关系，才能达到理想的效果。如果在调查项目的目标不明确、不清晰的情况下立即使用卡片分类法，就属于本末倒置。

因此，把符合用户心理预期和实际逻辑关系的信息架构应用于实际项目中，还需要根据项目的需求、App本身导航形式等因素进行综合考虑。在数字媒体研究项目中采用卡片分类法要以用户为中心的设计理念来选择合适的目标用户，正确选择合适的用户是理解用户信息需求的前提条件。在数字媒体用户体验分析中应用卡片分类法能够建立合理的信息空间位置认知模型，为用户建立方便、快捷和高效的导航系统，不仅使用户可以“透明”地获取所需信息，保证内容组织和结构设计合理、有效，还能建立清晰的信息地图，降低用户的认知成本，改善用户体验。

小例子

校园门户网站信息架构改进

随着互联网的发展，校园门户承载着招生、教学、科研、校园生活等信息，内容信息不断增多，网站视觉呈现复杂化。而且，当前校园门户的建设大多以管理层群体出发设计，聚焦于网站功能需求分析，较少从用户群体出发来设计网站的信息架构，导致增加了用户搜索的潜在压力，同时降低了校园事务的处理效率。

对于类似的项目，不要急于开始具体的功能页面设计，而是需要留出充裕的时间来确定信息架构。信息架构对一个网站或一个App来说至关重要，其中最重要的是具有清晰逻辑关系的入口和信息分组。符合用户心理预期的信息架构是保证网站或者App可用性、易用性的基础。例如，基于卡片分类法，以用户为中心的学院级门户网站的信息架构如图8-2所示。

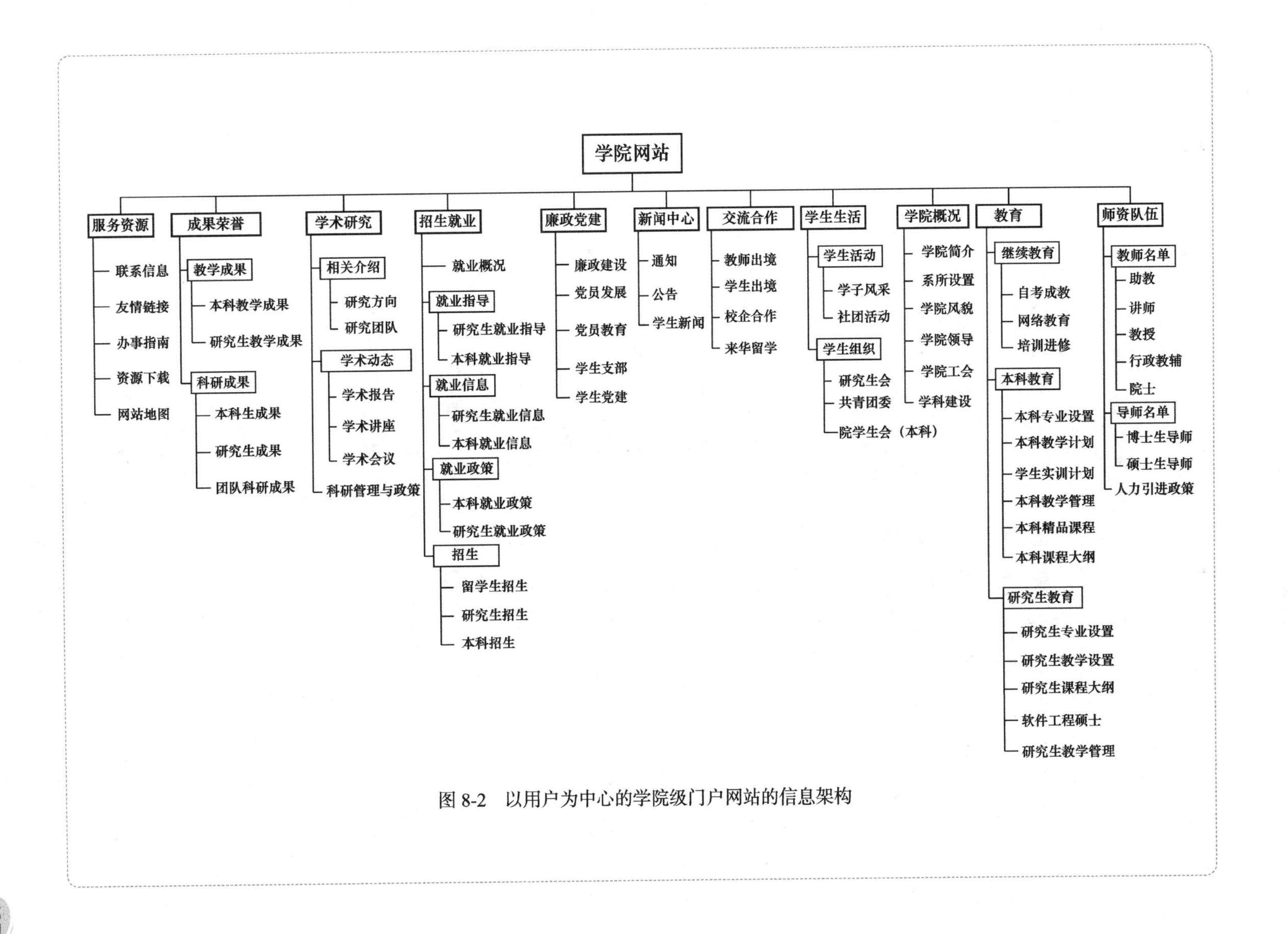

图 8-2　以用户为中心的学院级门户网站的信息架构

3．分类管理

好的分类普遍具有的特点是：清晰直观，简单易懂，信息模块化。在进行卡片分类管理的研究中，要注意以下几点。

① 选取一系列主题。把每个主题都写在单独的索引卡片上。

② 用户把主题分组。把卡片顺序打乱并交给用户。让用户每次选择看一张卡片，并把同类型卡片分到一起并放到对应的卡片堆里。最好设置一个“不知道”或“不确定”的卡片堆，而不是随意对卡片进行分组。

③ 用户给每个组命名。一旦用户满意地把所有卡片都分好组，就给他一张空白卡片并让他写下每个组的名字。这一步会揭示用户对主题范围的理解思维。

④ 对用户进行询问。虽然这一步是可选的，但是强烈建议询问用户，让用户解释自己是如何分组的。

⑤ 让用户一边分类一边说出心里所想。这样可以收集详细的信息，但是也需要花费时间记录并分析。

⑥ 对15～20个用户重复进行测试，因为需要足够的用户数量来检测用户思维中的模式。若人数太多，则从每个增加的用户那里获得的信息量会减少；若人数太少，则得到的数据不足以揭示组织框架中重叠部分的模式。

⑦ 分析数据。掌握了所有数据后，可以开始分析详细的种类、类别名称或主题，找出经常被分到一起的事项。如果看到某些事项总是被放到一边，就想想是否因为卡片标签不够清楚，或其内容与主题无关。把总结的质性观点和用户看到的模式结合起来，就能更好地理解什么组织结构是最受用户青睐的。

小例子

网易云音乐页面的信息架构

网易云音乐应用中的内容信息架构主要有“我的音乐”“最近播放”“我喜欢的音乐”。在“我喜欢的音乐”中没有广告也没有推送栏目，都是简单的音乐列表。这是因为这个栏目专门服务于用户自身的播放工具，尽管社交属性不强，推荐属性也不强，但效率属性很强。

8.2 卡片分类法的类型和执行

8.2.1 典型案例：关于图片与文字拼贴的卡片分类

学习目的：理解卡片分类法的设计和执行流程。

重点难点：如何组织和指导卡片分类。

步骤解析：

1．前期准备

通过前期访谈、文献研究等方法搜集资料，找到出现频率高而含义不同的词汇。先给用户分发的卡片，可以不局限于文字，还可以是照片、形状（如正方形、圆形）、图标（如箭头、笑脸）等，让用户对它们重新进行排列组合，以便表达用户的想法、态度、情绪或欲望。活动过程需要有主持人、记录员并及时进行录音或录像等。主持人需要提前写好活动剧本，活动现场时照例进行自我介绍和示范辅导，告诉用户可以自由地对图片和文字进行排列组合。

2．分类过程

文字和图片的数量控制在30～100个，同时需要为用户准备剪刀、胶水、剪成几何形状（如星星、方形或圆形）的纸、一张作为拼贴背板的白纸，让用户将文字和图片进行分类粘贴。活动的基本玩法是寻找植物、动物、人物和静物等丰富的图像，并使环境尽可能多样化，使画面人物包含不同性别、不同年龄段和不同情绪。综合表现积极和消极情绪的图片，如一个笑着的男孩和一个皱眉的成年人。在用户分类过程中，让用户一边做一边解释为什么这样做（出声思考）。例如，为什么这两张纸挨着？为什么它们有关系？

3．数据分析

最后对用户进行深度访问，根据分类结果进行数据分析和总结。

案例总结：提前写好活动剧本，给用户图片卡让用户对图片和文字重新进行排列，关注用户分类过程中的动作行为和表情变化。用户对图片表情和态度的识别分类差异大，主要是受到用户测试过程的环境情绪影响。值得注意的是，保持在一个舒适安静的场合进行测试，不能暗示用户的排列是正确的或错误的。

8.2.2 卡片分类法的分类

1．开放式和封闭式

（1）开放式

开放式卡片分类法不预设卡片分类，用户自行决定卡片归类。不用预先分类，给用户发一些已有内容的示例卡片，用户根据需要自行创建类别并描述每个类别，最后给分好的类别命名并贴上标签。开放式卡片分类法主要用于获取与信息结构相关的灵感、新建界面或者对已有产品界面的信息重新划分类别，命名不合理的栏目能够获得用户的理想分类命名。

开放式卡片分类法的优点是，用户可以按照自己的方式分类和命名某类卡片。

开放式卡片分类法的缺点是，没有固定的标签，用户的理解层次各不相同，耗时耗力。

（2）封闭式

封闭式卡片分类法用于检验用户对卡片的归类。封闭式卡片分类法有已经定义好的分类，给用户一套写有内容的卡片和一系列类别，用户需要把卡片放入预先确定的类别中。封闭式卡片分类法适合在已有分类结构中添加信息内容或者分类具体素材。如果有些用户不知道如何将它分到哪种类别中，可以将它取出，不一定要全部分完。封闭式卡片的分类更利于掌握，可以对信息框架的有效性起到有效的验证效果。

封闭式卡片法的优点是，已经具有定义好的分类，减轻了用户的分类负担。

封闭式卡片法的缺点是，限制了用户的主观想法，不能探索用户希望创建的分类。

如表8-1所示，开放式卡片分类法和封闭式卡片分类法有各自的优缺点，因此在实际运用中可以结合两种方法，达到数据结果的最优化效果。

表 8-1　开放式卡片分类法和封闭式卡片分类法及其特点

类型	特点
开放式	卡片的类数、类名、所分的层次均由用户自己确定
封闭式	类数与类名由设计师事先确定，用户将自己认为与类名相似的卡片归到某一类中

小例子

豆果美食

商城模块是豆果美食App中的独立模块，模块中还包括限时抢购模块，为什么是限时抢购而不是会员折扣呢？这是因为在这款产品中上架的所有食物都是新鲜的，因此突出了“时间”的重要性。但对于其他产品，不同的产品有不同的业务，如对“电动车”就要突出品牌。因此，需要有针对性分析产品对应的用户喜欢什么及用户的需求是什么，然后根据针对性的需求调整策略。

2．小组分类和个人分类

（1）小组分类

小组分类是指由多名用户组成的小组将卡片信息进行分类。

小组分类法的特点如下。

① 容易激发用户对信息的理解和深度的把握，成员一起通过发散思维产生更广泛的观点。

② 在同一时间内邀请的用户数量多，短时间内可收集大量的用户数据。

③ 小组成员互相讨论易受影响，隐私的问题避而谈之，讨论结果常出现妥协现象。

（2）个人分类

个人分类是多名用户分别将卡片信息进行分类。

个人分类法的特点如下。

① 与每个用户接触的时间较长，可以深入理解用户对信息的理解。

② 不受周围其他成员的影响，不会产生交流意见或者交换想法。

③ 因为每次只能得到一个用户的数据，因此需要实施多次测试。

如表8-2所示，小组分类和个人分类各有优缺点，在具体运用中兼顾两者优点的方法是先让用户单独划分，再进行小组讨论划分。一方面可以保留用户的独立思考和判断，另一方面可以在测试开始阶段避开相互交换想法或先入为主的影响，使分析结果更趋于客观性。

表8-2　卡片在测试形式上的分类及其特点

类型	定义	特点
小组分类	多名用户组成的小组同时将卡片信息进行分类	观点多，易出现妥协现象
个人分类	多名用户分别将卡片信息进行分类	观点独特，数据少，耗时长

8.2.3 卡片分类法的执行

1. 卡片分类的准备

在前期准备中，设计师要经过详细的讨论，根据研究对象拟定初级信息架构，确定所有目标用户都能参与测试，注意事项如表8-3所示。准备好需要标识的卡片，卡片的标签命名要做到简洁易懂，避免用户在阅读上存在认知障碍，必要时可以在卡片上标注简短的描述来解释相关词义，还应该提供充足的便签，方便用户可以随时添加内容。在卡片分类法中，为了防止用户按照卡片标签文字的相似度进行分类，设计师需要在卡片上清楚地解释该项目的内容，保证用户按照内容对卡片进行分类，并让用户的精力集中到对分类的思考上，而不是猜测卡片所表示的内容上。在卡片分类的过程中，设计师要明确的问题是卡片分类怎么做及如何分析收集到的结果。

表8-3　卡片分类法准备的注意事项

注意事项	原因
不能只搜集符合特定审美的图片，而需要保持不同的风格	多样化的图片能给用户带来不同的参考元素，引发他们不同的感受和情绪
不能有太多直接表达研究主题的图片	表达研究主题的图片可以作为讨论基础，但数量太多则妨碍用户的讨论
不能暗示用户排列是正确或错误的	妨碍用户的主观观点，影响结果的客观性和可靠性

2. 卡片分类法的步骤

根据一般的流程，卡片分类法的步骤主要分为以下3步。

（1）第1步：卡片分类前

① 活动介绍。

主持人介绍本次卡片分类的目的和内容，让用户了解卡片的主题。

② 分发卡片。

尽量将卡片分散放在桌子上，鼓励用户把卡片完全看完并理解后再分类，给用户足够多的背景信息，让其不仅仅停留在字面意思上。针对不同的分类方法采取不同的方式来呈现：在开放式卡片分类中，在开始阶段不能告诉用户需要为标签命名，而是在分类结束后再告知，这样做是为了避免用户一开始执着于为标签命名而不是考虑如何分类；在闭合式卡片分类中，在开始阶段把标签摆放在桌面上，用户可将自己认为与类名相似的卡片归到某一类中。

（2）第2步：卡片分类中

在用户分类的过程中不能给予引导性的解释，尽量让用户在一个安静、舒适且没有压力的环境下进行，关注用户分类过程中的动作、眼神和表情的变化并记录下来。

（3）第3步：卡片分类后

① 整理记录。

当用户分类任务执行完成后，需要拍照记录并将结果存档，将每个用户的分类结果都记录在对应的标签上。

② 访谈。

除整理记录外，设计师、用户及所有在场人员都需要参与回顾和访谈活动，可以针对已完成分类任务的用户进行访谈，询问用户在分类过程中表现出来的问题，了解用户对该分类结果的思考过程及困惑点，或进一步咨询用户其他相关问题，寻求机会获得反馈信息。问题举例如下。

- 为什么你选择这样分类，有什么依据吗？
- 在所有卡片中你认为哪几张卡片让你印象深刻？
- 为什么要这样命名？
- 小组讨论中有哪些观点？
- 哪些分类比较困难，为什么？
- 对整体测试的分类环节是否满意？

③ 结果分析。

除询问用户关于卡片分类的想法外，还可以根据收集到的数据进行简单的概括或量化的计算，在这个过程中或许可以发现一些有价值的结论。若是小众的调研分析，可以直接通过类似的分组得到一个总的群组；若是大范围的调研分析，可以通过制作电子表格直观地浏览数据变化。

3. 三轮卡片分类的注意事项

（1）第一轮卡片分类

第一轮卡片分类要初步确定哪些卡片最常被放在一起，用户提出了哪些新的建议或者给出新的标签，是否有哪些卡片被归类到多个类别中，测试过程中是否还有其他相关的卡片被提出来等。稍加休息可进入第二轮卡片分类。在休息的过程中，成员可以对刚刚的分类结果进行消化与反思，梳理好自己的想法，为下一轮卡片分类做准备。

（2）第二轮卡片分类

经过第一轮卡片分类后，将共同的、没有异议的卡片挑选出来并归类。在此基础上，对剩余的卡片进行再一次评审、补充、修改、整理，特别是对卡片归类的细节化处理，并对新产生的子群进行标签命名。在这轮卡片分类中，成员之间被允许公开地讨论。通过收集这些讨论和对方的质疑，设计师可以更好地揣测用户心理，了解不同用户群之间有什么相似点，用户之间的需求有什么不同。同时，也可以思考该标签命名是否正确及卡片有无错位。因此，根据第二轮卡片分类对第一轮卡片分类得出的界面框架结构进行调整，将用户真正需要的内容保留下来，并在内容上进行更加细致深入的分类。

（3）第三轮卡片分类

第三轮卡片分类是本次测试中的最后一轮卡片分类。然而，第三轮卡片分类并不只是对第二轮卡片分类的深入细化，而是应对整个信息框架进行重新审视，注重对二级菜单的再调整，需要更多考虑交互界面的各部分内容与整体框架之间的表现形式。我们应专注于用户目标和用户行为，而不仅仅是内容。通过第三轮卡片分类得到结果，应能很好地掌握用户需求并提出解决方案。

4. 卡片的准备

在卡片分类的过程中，要选择卡片的内容和数量。创建的卡片应涵盖主题卡、主题卡编号、空白卡和组别卡。同时，卡片名称要描述清晰、定义清楚且没有歧义。

（1）卡片的内容特性

在内容选择的过程中要遵循以下几个原则。

① 易懂性。

简单易懂的语言表达和内容描述；内容不具有歧义性或误导性。如果觉得卡片名称难以理解或容易让用户群体产生迷惑，可在卡片名称下添加这个名称的具体描述。

② 可行性。

确定卡片内容能够进行归纳总结；确保用户在规定的时间内可以完成。

③ 条理性。

内容是同一层级的，有逻辑，不混乱，避免包含关系。

（2）卡片的数量选择

因为不同人群的专注力和注意力集中的时间各不相同，可根据不同的用户群体设置不同的卡片数量，避免出现用户不能完成任务的情况。在一般情况下，卡片少于30张时，用户能够容易且非常迅速地完成任务，但是测试完成后的分类结果得不到体现；而大于100张时，用户可能会有心理负担，记不住分类的内容，且占用的时间长。因此，卡片数量控制在30～100张范围内。

5．招募用户

可用性专家Nielsen认为在大多数可用性研究中，5个人就可以达到0.75的相关度，因此，他推荐卡片分类的用户数只要15人左右即可达到0.9的相关度，如图8-3所示。

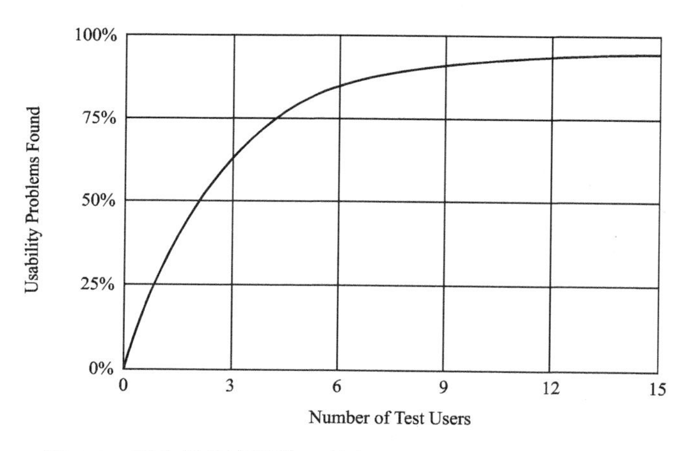

图8-3　用户相关度指数（引自 Nielsen Norman Group 网站）

Tullils与Wood经过试验分析得出：参与人数在20～30达到最佳状态，在实验测试的结果来看，相关度可达到0.9以上，如图8-4所示。因此，建议在一般情况下，每个类别的用户需要15～20个就可以发现大部分问题。在被试者名单确定后，马上发起调研邀请，尽量让被调研人群在同一时间参与调研，一方面可以避免反复解释项目背景和元素描述，另一方面可以保证每个被调研对象接收的信息一致。

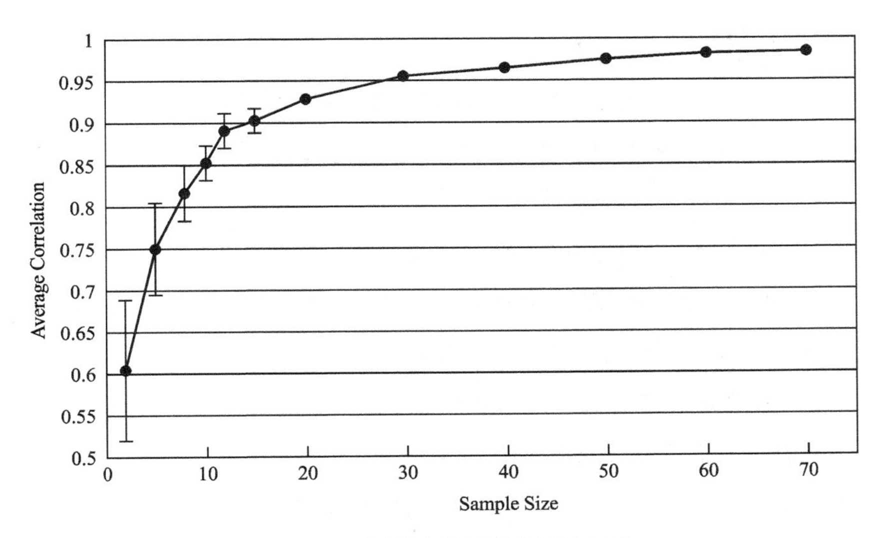

图 8-4 不同样本量的误差相关系数

8.3 卡片分类法的偏差

卡片分类法易受到用户的知识背景、个人经验和教育水平的影响，在结果的验证分析中还难免会加入研究人员的主观因素影响。卡片分类不是一轮即可敲定的，而是需要反复多轮进行，才能获取最佳的信息架构。

8.3.1 样本和用户背景

1. 样本是否全面

样本是否全面受以下两个因素的影响。

（1）被试者的参与程度

被试者对这些卡片进行分类是完全自主的行为，而被试者对整个实验的重视程度和对卡片内容的理解程度直接关系到分类结果的好坏。在实验中，我们不能排除极少部分被试者仅仅基于卡片字面上的相似性来进行分类，或者不加思考就进行分类。

（2）时间的投入程度

问题设计是否简单合理，在调查前调查者与被试者之间是否交流，调查者需要了解被试者对某些问题的感知能力。

2．用户背景的影响

对参与卡片分类调研的人群是有一定要求的，在有条件的情况下要注意用户的背景，这样可以在选取被调研人群时不犯错误或少犯错误，保证研究结果的准确性和可用性。

（1）排除与所服务项目有直接利益关系的人群

卡片分类法所提供的调研结果是服务于所属项目的，因此如果把参与项目的开发、测试、产品等相关人员都包含在调研中，他们会因为自身的利害关系而选择对自己有利的分类方法，从而影响结果的客观公正性。

（2）排除逻辑思维能力不强的人群

卡片分类法需要被调研人群具有较强的逻辑思维能力，这样最终结果才能比较符合客观现实。如果邀请的人员都是思路不清晰、逻辑较混乱的人，那么不仅得不到想要的结果，还会影响整个项目的进度。

（3）排除与卡片分类法所属项目完全没有交集的人群

虽然卡片分类法中每张卡片的名称下都要求尽量附加详细的解释来说明当前卡片代表的含义，但如果所属项目比较抽象、复杂，被调研人群是完全不同行业或没有任何使用体验的，就可能影响到调研结果的准确性。

8.3.2 过程控制

在卡片测试分析的每个阶段，必须花费更多时间来注意项目的每个细节，最终目的是根据目标用户的喜好设计出好的界面布局与内容，决定界面布局的是通过测试获得的可信数据，最终从测试得出的数据结果中分析并建立用户模型。表8-4所示为卡片分类法过程控制的常见问题及有效措施。

表8-4　卡片分类法过程控制的常见问题及有效措施

问题	有效措施
某些卡片无法归入任何一类	删除认为不需要的卡片
发现有闲置的卡片始终没有被分类	删除认为不需要的卡片，或者增添认为有必要的卡片
某些卡片可以归入多种类别	在空白索引卡上写出它们的名字并将其归入相应的类别；注意，需要将原始卡片归入最合适的类别，如果卡片关键词汇或解释与理解有出入，可以删除或修改

8.4　练习题

在设计“工作经历”编辑页时，我们得到的信息有：证明人、入职薪资、工作起止时间、公司名称、离职原因、工作描述、岗位名称。现在需要对这些信息进行分类，以减少用户在信息编辑时的压力，那么用户是如何关联这些信息的呢？使用卡片分类法对这组信息进行测试并分析。

知识要点提要：

- 如何制定卡片分类。
- 如何选择合适的卡片分类法。
- 如何进行用户现场测试阶段工作。
- 如何对卡片分类结果进行数据整理和分析。

第 9 章 问卷调查法

问卷调查法是国内外社会调查中使用较广泛的一种方法。本章介绍了问卷调查法的定义、分类、问卷调查设计与执行、信度和效度及统计方式；对问卷调查过程中的步骤，结合了数字媒体设计中的实际例子加以解释。

学习目标：

- 理解问卷调查法
- 了解问卷调查法的类别
- 掌握问卷调查法的设计和执行方法
- 了解影响问卷调查法效果的因素

9.1 问卷调查法的定义

9.1.1 什么是问卷调查

1. 定义

问卷调查（Questionnaire）起源于心理学研究，是研究人员运用一组标准化的问题向被调查者了解情况、征询意见或收集信息的调查手段，以问题的形式系统记载调查内容。其实质是收集人们对于某个特定问题的态度、行为特征、价值观、观点或信念等信息。目前，用户分层化、标签化的趋势愈加明显，此方法已成为社会科学中非常流行的定量研究方法。

问卷又称调查表，是一组与研究目标有关的问题，即一份为进行调查而编制的问题表格，旨在从被调查者处获取与研究问题相关的信息，根据获得的数据资料进行变量变化的描述，并进一步阐释变化的原因。

2. 用途

问卷调查是为了做定量分析而收集大量的数据样本，从中获取必要的研究信息。根据获得的数据描述变量的变化，并进行相关分析和因果分析。在设计类研究领域中，问卷调查被广泛用于项目设计前收集需要的用户特征数据库，根据调查数据分析需求趋势，完善设计方案。创新产品的调查问卷相对来说更具发散性，而优化产品的调查问卷则更具针对性。

（1）社会学范畴

在研究社会现象时，可以使用调查问卷对一组与研究目标有关的问题进行调查研究。使用问卷调查系统收集和分析关于社会现象的资料，在此基础上采用科学的整理、计算、概括及推断等方法，将文字、数字等结构化的资料转换成数字形式，并将编码进行统计学分析。

（2）心理学范畴

调查问卷是在社会心理学、咨询心理学等领域广泛采取的数据采集工具。心理学研究需要收集大量的数据，但往往关于某种或者某些心理现象的测量难以直接通过仪器和设备获取。因此，基于样本人群自我报告的问卷调查，就成为心理学研究中获取数据的常用方法。

3. 特点

（1）调查对象的广泛性

问卷调查法的一个突出特点是调查对象的广泛性。同时，其也适用于各种特殊类型的研究信息收集。例如，婚姻关系、个人收入等信息可以通过“保持受访者姓名匿名”方式来轻松获得。

（2）调查手段的多样性

问卷调查法中常用的调查手段很多，目前常见的有网络问卷、邮寄问卷、送发问卷、电话问卷及面对面访问。

（3）调查方法的灵活性

问卷无疑是收集定量和定性信息的最灵活的工具之一。它可以被广泛地应用于社会生活各个领域，包括社会问题调查、市场调查、民意调查、学术性调查等。

（4）调查结果的探索性

整理并分析问卷所得出的数据与结论，在某种程度上可以为研究内容探索新的领域，从而获得独特、创新的想法。例如，在缺少对特殊人群的了解的情况下，为调查某特殊人群的日常行为而发送问卷，可能会得到一些未知而特殊的信息。

4．问卷调查法的优缺点

（1）问卷调查法的优点

- 成本优势，问卷调查有利于节省时间和人力。
- 覆盖面广，问卷调查的范围可以覆盖全国甚至国际，是收集信息的最佳方法之一。
- 可操作性，问卷法相对其他调研方法来说是一种更容易规划、构建、管理和操作的方法，可以用结构化的问题来表现，因此容易量化。
- 可进行重复收集，与访谈或观察等方法相比，问卷调查法是可以重复使用的调查方法。在不同的时间内进行重复的问卷发放，从而获得不同阶段的信息。

（2）问卷调查法的缺点

- 难以复杂化，当涉及复杂或抽象的问题时，很难用问卷描述出准确的内容。
- 不可靠性，如果被调查者误解了一个问题，或者给出了一个不完整或不确定的回答，这个问卷就具有不可靠性。
- 不完整性，被调查者有时会漏填问题，以至于调查人员很难解读这些回答。

9.1.2 问卷调查法在数字媒体用户体验分析中的应用

问卷调查法是一种可以快速量化、筛选用户群体的方式。通过问卷中的问题设置可以定位用户群体、特征、画像，也可以用来对设计中的测试环节进行反复验证。

问卷调查法的数据分析可以影响数字媒体设计中的用户体验分析、设计概念。通过问卷调查可以了解受众的基本信息，理解用户需求、产品痛点。通过对问卷数据进行关键变量分析，可以绘制出用户画像。在设计初期还可以通过问卷调查来获取定量数据。

（1）用户画像

在设计初期，问卷调查可以通过数据采集收集用户数据。通过对数据进行变量分析，如互联网使用程度、家庭状态及经济条件，了解受众的需求、行为及习惯。为后续研究中的访谈法或实验法筛选出“典型”用户，从而开展下一步研究。

经验

在深入访谈与设计方案前，就可以开始问卷调查研究。

小例子

夜跑调研

某项目组在研究单身白领的夜跑活动项目中，通过对用户的属性、性别、年龄、夜跑需求、目的进行量化的问卷调查研究，寻找其关键变量；通过对其互联网的使用程度、经济条件、身体状况进行聚类分析，得出三种不同的用户画像：夜跑爱好者、社交性夜跑及目的性夜跑，为后续相关设计打下基础。

（2）获取准确信息

问卷调查法中的问题，某种程度上来说来自设计师主观中立的态度。这种态度可能对设计师造成一定的局限性，从而在实际产品设计与应用中与受众的行为习惯背道而驰。通过对定量数据的分析，设计师可以准确获取数据，从而避免在后续设计中出现与受众行为习惯相反的问题。

9.2　问卷调查法的分类

使用不同的标准可以把问卷调查划分成多种类别，按照使用方法可分为自填式和访谈式；按照问卷结构可分为结构型和无结构型。

9.2.1　自填式和访谈式

1．自填式问卷调查法

自填式问卷是一种标准化问卷，通过标准性词汇对问题进行准确的叙述，受访者不会受到出题者的主观诱导，可以真实地表达自己的想法。自填式问卷一般的发放形式为邮寄问卷、网络问卷、送发问卷、报刊问卷。这四种形式有一定的隐蔽性，在一定程度上可以获取一些较敏感或隐私问题的答案。

（1）邮寄问卷调查法

邮寄问卷调查法是调查者通过邮局向选定的被调查者寄发问卷，由被调查者按照规定的要求和时间答卷，然后通过邮局将问卷寄还给调查者的一种书面调查方式。

（2）网络问卷调查法

网络问卷调查法是调查者将编制好的问卷文档上传到某种网络平台上，向自愿参与的被调查者分发从而进行调查的一种在线调查方式。由于被调查者局限于特定的上网人群，所以此种调查仅限于对特定人群的特定问题进行调查。

（3）送发问卷调查法

送发问卷调查法是调查者派人将问卷送给指定的被调查者，等被调查者答完再派人回收调查问卷的一种书面调查方式。由于此种调查表示出了对被调查者的足够尊重，所以专家调查多采用此方式。

（4）报刊问卷调查法

报刊问卷调查法是随报刊传递分发问卷，请报刊读者对问卷做出书面应答，并在规定时间内将问卷通过邮局寄回报刊编辑部的一种书面调查方式。由于被调查者局限于特定的人群，所以此种调查一般仅限于报刊部门对特定的问题进行调查。

提示

问卷中的问题如果表述不清或答案模糊，可能会造成数据的不准确性。

2．访谈式问卷调查法

访谈式问卷调查法也称代填式问卷调查法，需要调查员与应答者面对面进行对话，可以对调查过程进行把控，从而提高调查结果的真实性与准确性。但是调查员需提前加以培训，还要注意提问方式、提问语气，且不能有诱导倾向。由于访谈式问卷调查法缺少了一定的隐蔽性，所以在数据收集的效果上可能不如自填式问卷调查法。一般来说可通过面对面访问或电话来实施。

提示

由于访谈式对调查员数量、培训有一定的需求，因此可能在调查范围与数量上有一定的局限性。

表9-1总结了上述两种问卷调查法的优缺点。

表9-1　自填式和访问式问卷调查法的优缺点

项目	自填式问卷调查法			访问式问卷调查法	
方法	网络问卷	邮寄问卷	送发问卷	面对面访问问卷	电话问卷
灵活性	差	差	差	优秀	优秀
问卷复杂性	简单至中等	简单至中等	简单至中等	简单至复杂	简单
访问时间	15分钟以内	30分钟以内	30分钟以内	90分钟以内	30分钟以内
应答质量	较高	较高	较低	不稳定	很不稳定
投入人力	较少	较少	较少	多	较多
调查成本	较高	较高	较低	高	较高
调查周期	较长	较长	短	较短	较短

9.2.2 结构型和无结构型

1. 结构型问卷调查法

普通问卷一般都是结构型问卷，又称为封闭式问卷，通过预先设计好的问题进行标准化的程序。问卷中提供有限的答案，如是或否、按照喜好选择等级等。由于设置了有限的回答供用户选择，在某种程度上减少了内容的误差、应答者的思考时间，可以高效获取答案，简化了后续的数据统计、分析，因此适合不同层次的人群；还有利于控制和确定变量之间的关系，易于量化和进行数据统计分析。使用结构型问卷收集的数据也可用于验证假设和补充数据。但是，结构型问卷仍然存在一些缺点，如选择范围较小，应答者可能无法选择自己心仪的答案，导致问题有一定误差；选项太长，应答者没有耐心阅读完便随意作答；选项排列导致应答者先入为主。由于结构型问卷具有局限性，而且在问卷中难以收集到较深入的资料，因此可与无结构型问卷结合使用。

注意

结构型问卷的问题尽量不超过18个，并且避免选项相似，应尽量使用简单明确的表述。

2. 无结构型问卷调查法

无结构型问卷又称为开放式问卷，在问题的设置上没有进行严格的结构型设置，也没有任何限制，通过开放式的回答可以获得不同人的观点、态度及兴趣。例如：

在产品使用感受方面您还有什么意见？______（30字以内）。

相较于结构型问卷，无结构型问卷的数据更真实可靠，并且由于应答者深入回答，可为调查提供更具价值的信息。但是，无结构型问卷对于应答者可能存在一定的表述困难，调查者无法深入定量分析，并且需要调查者有一定的分析能力，才能从无结构型问卷答案中整合出有效数据并进行分析。无结构型问卷一般较少作为单独的问卷进行使用，一般与结构型问卷一起在深入调查时使用。无结构型问卷中的问题可分为解释性问题、探索式问题和细节性问题等。

小例子

开放式结构问卷

请问您选择该产品的首选因素是什么？

A．价格低　　B．实用性高　　C．样式新颖　　D．使用体验好

应答者选择“B．实用性高”后：

若为解释性问题，则应问：您为什么将实用性作为该产品的首选因素呢？

若为探索性问题，则应问：您觉得应该把实用性作为该产品的首选因素吗？

若为细节性问题，则应问：该产品的哪个功能让您觉得最具有实用性？

9.3 问卷调查设计与执行

问卷调查一般分为8个步骤：前期调研、选择被调查者、问卷设计、问卷测试、问卷修订、问卷发放、数据分析及生成数据报告，如图9-1所示。

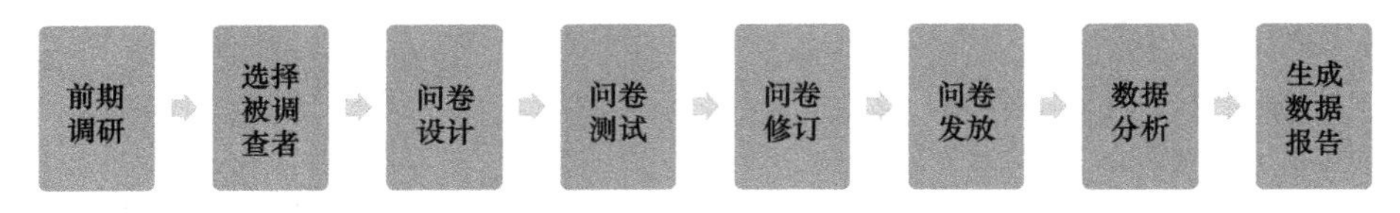

图9-1　问卷调查法步骤

问卷测试与问卷修订是一个迭代的过程，可以根据结构性、逻辑性、效率性和合理性对问题进行循环的修改和调整。为了保障问卷的顺利进行和所收集资料的质量，要认真设计问卷每个环节，特别是对问题及选项标准语言的控制。下面介绍问卷调查执行流程中的主要内容。

1．前期调研

（1）确定研究方向

问卷设计前，首先要确定调研的目的、内容、主题和理论假设；以调查目的为总目标，将其进行细化，设计出能反应总目标的各层调查内容。

（2）查阅文献资料

查阅文献是对研究内容的纵向延伸，可为问题设计提供丰富的素材。适度了解受访者的信息可以精准定位受访群体，不同群体可接受的问卷形式与问卷语言会有所不同。例如，针对智能设备的使用情况调查，老年人与年轻人对智能产品的认知、使用习惯大有不同，因此在对老年人的智能设备的问卷设计过程中需要加入大量的图片说明与注释，或者语言要简单化表述。

（3）确定调查方法

不同类型的调查方法对问卷设计是有影响的。例如，当研究目的需要观察到被调查者的情绪变化时，可选择访谈式问卷调查。通过被调查者与调查者面对面地交谈，调查者可以观察到被调查者的情绪变化细节。如果研究目的是收集大量样本进行量性研究，可以尝试电话访问或者网络调查，但是这种方法缺少了直接交流，被调查者需要在短时间内进行回答，因此，可以设计一些短的和简单的问题。在网络调查中，可以实现较复杂的跳答和随机化安排问题，以减小由顺序造成的偏差，但是需要对部分可能产生歧义的问题进行详细的说明或者指导。

2. 选择被调查者

围绕研究目的，确定研究总体，指定抽样数目。一般来说，对于问卷调查，样本量越大，样本就越能代表总体。但考虑到成本因素，需要在允许的误差范围内，科学制定样本量大小，平衡调查成本与调研准确度之间的关系。

3. 问题设计

为了提高问卷调查中所发放问卷的回收率、调查率和应答质量，在问题设计时应遵循以下原则。

（1）问题的关联性

调查问卷中问题应与研究主题直接关联。除个别分类变量（如年龄、性别、婚姻状况、组织规模、员工人数）外，切忌在问卷中出现与研究主题无关的问题。为了让信息的收集尽可能减少调查者的工作量，应排除与调查目的无关的问卷项目。

此外，提供与主题无关信息的问题会增加调查问卷的总长度，并可能引起被调查者的不悦，这些因素可能导致未回复率增加。对于问卷设计人员来说，将每个问题与调查目标联系起来的设计有助于确保这些目标得到明确实现。

（2）问题的简洁性

调查问卷中问题应只包括那些能够轻松提供答复且具有足够可靠性的问题。被调查者通过问卷所提供的信息应是其最近发生或熟悉的事件。问题的形式要尽量方便被调查者应答，问题的一般形式为选择题。

（3）问题的中立性

问题的用词应尽量运用中性词，从而避免因使用褒义或贬义的词汇而对被调查者产生导向。在涉及展示图片说明的问题，也应避免因图片质量或其他因素产生的差异而出现的引导性结论。避免暗示性问题或不平衡的回答选项，因为被调查者可能在毫无察觉的情况下被影响。因此，问题应该始终保持中立，并在编写问卷时尽量做到客观。

（4）问题的准确性

调查问卷中的问题与答案的措辞、描述要准确。例如，某项研究中针对老年人的疼痛感知进行访问，其问题与答案都应准确描述疼痛的不同类型。

（5）问题的有序性

在问卷中所给出的任何线索都可能影响被调查者对后面问题的回答。最先呈现给被调查者的陈述可能会影响其对回答选项的选择，这就是心理学中的启动效应，即短期记忆对决策的影响。被调查者在回答时应保持思维的连贯，因此在设计问题时要注意问题和陈述的顺序。

4. 问卷的结构

问卷的结构一般包含标题、简介、正文、结束语四部分。

（1）标题

标题是对整个问卷的概括性表述，要用精练、准确的语言反映问卷的目的和内容。例如，问卷的标题是“广东省青少年社交网络App使用情况调查表”，它一目了然地反映了调查的目的。

（2）简介

问卷的简介是为被调查者提供的问卷和研究团队的基本信息，从而获得被调查者的好感与信任。其中包含：

① 研究团队的单位和身份等基本信息；

② 介绍本次调查内容的目的，以及答案所产生的影响；

③ 阐述此次调查的保密性，包含对个人资料及隐私信息的处理；

④ 此次问卷结果将会采取何种方式进行反馈；

⑤ 感谢语。

在简介中也可对填表的方式、要求及注意事项进行说明。例如，针对老年人视听能力的问卷中，可能会涉及音视频播放和图片展示，对此需要进行说明。

小例子

某社交网站用户体验信息收集调查简介

尊敬的用户：您好！本网站立志于带给广大用户更好的体验服务，为此可能要耽误您几分钟的时间，希望能够得到您的大力支持与合作。本调查不记名，请按各题的提示如实填写或选择您认为最符合您现状的选项。完成答卷后，系统将自动统计数据，最终的调查结果将在网站上公布。非常感谢您在繁忙生活之余提供您的看法与意见。

某网站

××××年××月××日

（3）正文

① 调查项目。

调查项目是调查问卷的核心内容，指组织单位将所要调查了解的内容具体化为一些问题和备选答案。调查项目中的问题可分为以下三类。

- 客观性问题。客观性问题是指已经发生和正在发生的各种事实和行为。

例如，你的学历为：A．学士　B．硕士　C．博士。

- 主观性问题。主观性问题是指人们的思想、感情、态度、愿望等方面的问题。

例如，您喜欢的促销方式有哪些？

A．免邮费

B．打折

C．积分送礼物

D．赠送优惠券

E．其他请注明______

- 检验性问题。检验性问题是为检验应答是否真实、准确而设计的问题，一般安排在问卷的不同位置，通过互相检验来判断应答的真实性和准确性。

② 问题的结构。

问题的结构是指调查项目中问题的排列组合方式。为便于被调查者应答问题、调查者对资料进行整理和分析，在设计问题的过程中，可以遵守“四项原则”，即同类组合、先易后难、时间顺序和符合逻辑。

- 同类组合原则，要按问题的性质或类别进行排列，不能把不同性质和类别的问题混杂在一起。
- 先易后难原则，问题的设置需要由浅入深、先客观后主观、先一般后特殊。对敏感、复杂的问题，将它们安排在靠后的位置，以便尽快与被调查者建立融洽的关系。

- 时间排序原则，序列中的问题应按照过去、现在和将来的顺序进行漏斗式排序。无论是由远及近还是由近及远，问题的排列在时间顺序上都应具有连续性和渐进性。
- 符合逻辑原则，整个问卷必须遵循逻辑顺序，从一个部分平滑过渡到另一个部分。有关特定主题的问题必须使用过渡短语来帮助被调查者转换思路。

③ 问题表述的原则。

- 单一性原则，选项中只询问一个问题，避免在一个选项中出现容易混淆且不易回答的问题。

例如，您和您配偶的文化程度是（　　）。

A. 小学及以下　　B. 初中　　C. 高中　　D. 大专及以上

这些选项同时询问两个人的情况，会让应答者无法回答。

- 通俗性原则，尽量使用通俗易懂的词汇进行表达，若遇到不可避免的专业词汇，可对其进行详细的说明。

例如，你对UNESCO于2020年发表的白皮书有何看法？

传播学、民俗学或设计学专业人员对UNESCO的含义可能很清楚；但一般公众可能会因为不知道UNESCO的含义而被迫放弃对本题的应答，更可能由此产生对本问卷的反感。因此，应在问卷前对UNESCO（United Nations Educational，Scientific and Cultural Organization，联合国教育、科学及文化组织）提供详细的说明。

在某些情况下，也可以使用图片进行提示说明，如图9-2所示。

根据外包装，您更倾向于购买哪一种饮品？

○ 尖叫

○ 东方树叶

○ 秋林 · 格瓦斯

○ 黑松沙士

○ 崂山白花蛇草水

图 9-2　提示性图片问卷设计

- 准确性原则。措辞要准确、完整，不要模棱两可。例如，经常询问的收入问题应对收入的内容进行界定，是税后收入还是税前收入，是否包括第二职业收入、投资收益、转移收入等。
- 中立性原则。尽量运用中性词，避免使用导向性或暗示性语言，用语必须保持中立。所提出的问题应该避免隐含某种假设或期望的结果，避免题目中体现出某种思维定式的导向。
- 简明性原则。调查问卷中每个问题都应力求简洁而不繁杂、具体而不含糊，文字通俗易懂，不使用生涩字眼，以免超出被调查者的理解能力，尽量使用简短的句子。

④ 问题的基本类型。

问题可分为三种基本类型：开放型问题、封闭型问题和混合型问题。

- 开放型问题。

开放型问题中，回答没有特定的答案，由被调查者自由填写，旨在寻求被调查者多元化的答案。开放型问题的最大优点是很强的灵活性和适应性，以便于寻找尚未被定型或较复杂的信息。它有利于发挥被调查者的主动性和创造性，使他们能够自由表达意见。其缺点是标准化程度较低，给后期数据的分析与整理带来了一定的难度，而且由于需要被调查者花费较多的时间进行思考与文字填写，因此会降低其问卷的有效问题比例。

例如，你对该产品的未来期许是______________。（30字以内）

- 封闭型问题。

封闭型问题中，将可能性的答案全部列出，由被调查者进行单选或多选。问题可采取多种应答方式的设计，一般要对应答方式做指导和说明，这些指导和说明多用括号括起来。

下面是一些典型案例。

i．填空式。

您的性别是（　　）。A．男　　B．女

ii．列举式。

您对公司提供的生活环境（吃、住）有什么意见或建议？

____

iii．选择式。

每个月您用于游戏类App的消费金额是多少？

A．不到500元　　B．500～800元　　C．801～1000元

D．1001～1500元　　E．1501～2000元　　F．2001～3000元

G．3001～5000元　　H．超过5000元

iv．排序式。

对下列耳机品牌，请根据您的喜爱程度，以序列号1、2、3、4、5、6、7进行排序。

A．索尼（　　）　　B．雷蛇（　　）　　C．森海塞尔（　　）

D．铁三角（　　）　　E．JBL（　　）　　F．Beats（　　）

G．BOSE（　　）

v．等级式。

您对该产品的满意度为（　　）。

A．非常喜欢　　B．很喜欢　　C．喜欢

D．不太喜欢　　E．很不喜欢　　F．不喜欢

vi．表格式。

请在下表各项后，对导航App中的交互方式进行评价。（请在方框内打 √）

	很好	较好	一般	不好	很不好
界面标识					
动画效果					
控制手势					
信息弹出					
信息扩展					

（4）结束语

结束语在调查问卷的最后体现，应简短地向被调查者强调本次调查活动的重要性并再次表达感谢。

此外，对于大型的问卷调查，还应附上调查者信息，用来证明调查作业的执行、完成和调查者的责任等，便于日后进行复查和修正。一般包括调查者姓名、电话，调查的时间、地点，以及被调查者当时的配合情况等。

5．问卷整体编排

问卷的整体编排需要循序渐进，由浅入深。

- 筛选题，判断被调查者的资格。
- 预热题，一般都是简单问题，使被调查者易于配合。
- 过渡题，被调查者稍微思考便可作答。
- 困难题和复杂题，需要被调查者较多的思考，如评价性问题、开放式问题等。

注意

将容易问答、熟悉的问题安排在前面，较难回答的、陌生的问题安排在后面；涉及行为方面的问题安排在前面，涉及态度、观念等方面的问题安排在后面。

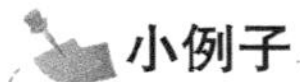

小例子

生物艺术展览对公众的影响研究

雅典TEI、哥伦比亚大学和潘泰恩大学对生物艺术展览对公众的影响进行了研究，问卷内容如下所述。

生物艺术—游客问卷调查

如果您能抽出几分钟时间来填写这份问卷，我们将不胜感激。

生物艺术作为一种新的艺术形式，与不同的生命形式相联系，引发了许多争论、冲突、认同或否定。然而，概述生物艺术展览对公众影响的研究尚未广泛开展。

雅典的TEI与哥伦比亚大学和潘泰恩大学的研究人员合作

雅典已经启动了一个名为“生物艺术：边界和定义”的研究项目，开发一个被广泛接受的生产和管理道义框架的研究项目。在项目框架内，游客调查是在问卷调查的基础上进行的。研究的目的是概述生物艺术作品展览对公众的影响。

您的参与完全是自愿的，对我们会有很大的帮助。您的答复将被严格保密。

A部分：访客简介

1. 您多久参观一次美术馆或博物馆？（只勾选一个方框）

 □ 每年1次
 □ 每年2～3次
 □ 每年4～5次
 □ 每年5次以上

2. 您参观艺术博物馆/画廊的主要原因是什么？（只勾选一个方框）

 □ 看一个特定的展览-学习
 □ 对博物馆或美术馆感到好奇
 □ 职业原因-参加活动
 其他：□ ____________________

3. 您对当代艺术有多了解？（圈出一个数字，没有知识1234567非常有知识）

1	2	3	4	5	6	7
▢	▢	▢	▢	▢	▢	▢

4. 您知道什么是生物艺术吗?

☐ 是（请到问题5）
☐ 否（请到问题7）

5. 请您写下您对生物艺术的认知。（3个关键词即可）

____

6. 您有兴趣了解生物艺术吗?

☐ 是（请到问题7）
☐ 否（请到问题12）

B部分：信念—态度—观点

7. 您在多大程度上同意或不同意在艺术中使用生物材料?（只勾选一个方框）

☐ 强烈反对
☐ 中立
☐ 同意
☐ 强烈同意

8. 生物艺术的作品给您带来了什么感受?（只勾选一个方框）

☐ 兴奋
☐ 困惑
☐ 紧张
☐ 厌恶
☐ 无聊
☐ 平静

其他：☐ ______________________________

9. 试着记住任何给您留下特别持久或强烈印象的生物艺术作品。您还记得这些艺术品的名称吗?如果是，请说明。

☐ 是
☐ 否

其他：☐ ______________________________

10. 您记得艺术家的名字吗?如果是，请说明。

☐ 是
☐ 否

其他：☐ ______________________________

11. 您认为生物艺术符合您的原则和价值观。（只勾选一个方框）

☐ 强烈反对
☐ 中立
☐ 同意
☐ 强烈同意

C部分：个人资料
在调查的这一部分，我们会问一些关于您的问题，这纯粹是为了分析目的，使我们的发现更有意义，你的答案将保持匿名。

12. 请说明您属于哪个年龄组。

☐ 18至24
☐ 25至34
☐ 35至44
☐ 45至54
☐ 55至64
☐ 65至74

13. 请注明您的性别。

☐ 女
☐ 男

14. 您的最高学历是什么？（只勾选一个方框）

☐ 高中以下
☐ 高中
☐ 学士
☐ 硕士
☐ 博士

其他：☐ ______________________________

15. 您有艺术方面的资格证书吗？（只勾选一个方框）

☐ 艺术学位
☐ 参加过艺术课程或研讨会
☐ 没有
其他：☐ ______________________

16. 您通常和谁一起参观艺术展览？（只勾选一个框）

☐ 独自一人
☐ 和一群人一起
☐ 与家人一起
☐ 和朋友一起

17. 您通常是如何得知艺术展览的？（在栏下打勾）

☐ 报纸、杂志
☐ 收音机、电视
☐ 互联网
☐ 亲友推荐
其他：☐ ______________________

18. 请写下您的意见。

____

感谢您参与本次调查！
这项研究是由欧盟和希腊国家基金通过国家战略参考框架（NSRF）的“教育和终身学习”业务项目——研究资助项目阿基米德三世共同资助的。

6．提高问卷回复率的基本技巧

对于问卷的回复率一直存在预估的偏差，除问卷内容的设计外，还可以从以下几个方面进行提升。

① 选择合适的调查方式。访谈式问卷与网络问卷回复率较高，但由于访谈式调查的耗时长，涉及人员多等，相对来说更适合小型问卷调查，其数量大约为50~100；而网络问卷虽然范围广、推广易，但会涉及其有效性与可信度的问题。

② 选择权威机构或校方发布问卷。权威性高或知名度高的官方机构会提高被调查者的信任度。

③ 为被调查者准备小礼物，从而提升被调查者的好感度。

9.4 问卷调查的信度和效度

9.4.1 信度分析

1. 信度

信度即可靠性，是指采用同样方法对同一对象重复测量时所得结果的一致性程度。在问卷调查法中，信度易受多种因素影响，导致实际测量的结果与预期测量的目标产生偏差。检验问卷信度的目的是确保结果能够真实反映预期目标，收集的数据有分析价值。一般而言，两次测验的结果越一致，误差越小，所得的信度越高。

信度的特性包括：信度用于测验所得结果的一致性或稳定性，不是测验或量表本身；信度值是指在某一特定类型下的一致性，不是泛指一般的一致性，信度系数会因不同时间、不同被试者或不同评分者而出现不同的结果；信度是效度的必要条件，不是充分条件；信度低，效度一定低；但信度高，效度未必也高。

小例子

手游市场用户调查

在智能手机、平板电脑等智能移动终端普及的背景下，原本以男性玩家为主导的游戏市场中，女性玩家的数量正在快速增加，女性玩家成为未来手游市场发展的生力军。研究女性玩家的用户特点对突破女性的已有印象，拓宽游戏开发的多元化理解，提升女性玩家的用户体验具有重要意义。结合多家大数据平台、第三方数据提供商提供的行业分析报告与基于SPSS分析的问卷调查数据，可以对手游女性玩家的群体发展现状、用户特点进行多维度的分析，并通过分析结果对行业发展提出对应建议。

2. 信度的指标

信度指标多以相关系数来表示，系数可分为三类：稳定系数（跨时间的一致性）、等值系数（跨形式的一致性）、内在一致性系数（跨项目的一致性）。其中，一致性是指在其他方面存在变化时问卷的稳定性。

信度系数越大，表明测量的可信程度越大。究竟信度系数达到多少才算有高的信度呢？DeVellis（1991）提出，0.60～0.65为最好不要；0.66～0.70为最小可接受值；0.71～0.80为相当好；0.81～0.90为非常好。由此，一份信度系数好的量表或问卷，其信度系数应在0.80以上，0.71～0.80是可接受的范围；分量表的内部一致性系数尽量在0.70以上，0.60～0.70是可接受的范围。若分量表的内部一致性系数在0.60以下或者总量表的信度系数在0.80以下，应考虑重新修订量表或增删题项。

3．信度分析方法

信度检验完全依赖于统计方法，信度可分为内在信度与外在信度。内在信度分析侧重问卷结构的一致性，即看题项是否都考察同一个概念的问题。最常用的内在信度指标为克朗巴哈系数和折半信度。针对相同测试者在不同时间测得的结果是否一致，重测信度是外在信度常用的检验法。

（1）克朗巴哈系数

克朗巴哈系数是一个统计量，是指使用量表所有可能项目划分方法得到的折半信度系数的平均值，是目前常用的信度测量方法。如图9-3所示，使用SPSSAU进行分析时，应按同一维度的题项为一个整体进行分析，整个量表分为几个维度就需要分析几次。其信度系数越大，信度越高。

图9-3　SPSSAU界面

图9-4所示为信度分析结果。

“校正项总计相关性（CITC）”是分析项之间的相关系数，通常大于0.4即可。这个指标通常用于预测试。

“项已删除的α系数”是删除该分析项后剩下分析项的α系数。若此值明显高于“Cronbach α系数”，可考虑删除该分析项。这个指标通常用于预测试。

一般“Cronbach α系数”在0.8以上，0.7～0.8是可以接受的；分量表的信度系数尽量在0.7以上，0.6～0.7也是可以接受的。若为0.6以上则该量表应进行修订，但仍不失其价值；若低于0.6，就要考虑重新编制问卷。

Cronbach信度分析			
名称	校正项总计相关性(CITC)	项已删除的α系数	Cronbach α系数
Q1	0.724	0.817	0.861
Q2	0.662	0.842	
Q3	0.737	0.811	
Q4	0.711	0.822	

图9-4　信度分析结果

（2）折半信度

折半信度是指将测量项目按奇偶项分成两部分，分别记分，测算出两部分分数之间的相关系数，从而计算整个问卷的信度，常用于态度、意见式问卷的信度分析。

（3）重测信度

重测信度是指用同样的问卷在不同时间，对同一批被试者进行两次相同内容的问卷测量，并计算两次结果的相关系数。由于重测信度需要对同一批被试者测试两次，常用的间隔时间为两周或一个月。

（4）复本信度

复本信度是指让同一批被测者填写两份及以上的功能一致但问题不一致的问卷，并计算两次结果的相关性。由于很难设计等值的内容和难度，一般量表中很少使用此方法。

4．信度不达标的解决方法

当整体信度系数值介于0～0.5之间时，可能是操作不当导致的，具体情况如下。

（1）问卷质量不达标

量表题的设计需要有较强的理论基础和参考文献，而且一个维度对应的量表要来自同一个理论框架的出处。

（2）题项统计错误

信度分析只针对量表题，如果将非量表题都放进去分析，会导致信度值出错，需要将非量表题进行描述性数据分析。

（3）样本量过少

如果样本量低于50且一个问题仅对应2个题项，会因为样本太少导致信度值相对较低。

9.4.2 效度分析

1. 效度

效度用来检验问卷设计是否合理，测量结果与要考察的内容越吻合，则效度越高；反之，则效度越低。一般仅用于量表数据的分析，常见的量表是李克特量表，通常是五级量表。它由一组陈述组成，陈述包括“非常同意”“同意”“不一定”“不同意”“非常不同意”五种回答。

2. 效度分析

效度一般可以分为三类：内容效度、效标效度、结构效度。

（1）内容效度

内容效度又称逻辑效度，是指问卷题项对欲测量的内容或行为范围的适用性情况。内容效度主要是对问卷中的描述性文字进行统计，一般以权威专家的判断说明问卷是否具有有效性。具体分析时建议按以下几点分别说明，从多个角度论证问卷设计的有效性。

① 用文字描述问卷的设计过程，包括问题设计与思路如何保持一致性。

② 用文字描述问卷设计的参考依据，如是否进行过预测试，是否对问卷进行过修改处理。

③ 用文字描述专家认可的问卷有效性。

④ 其他可用于论证问卷设计合理的证据的说明。

（2）效标效度

效标效度又称实证效度，以实际证据检验题目的测量结果。通过对当前数据得到的结果与外在效标进行相关分析，如果效标效度良好，则证实问题对于被调查者的数据真实有效。

（3）结构效度

结构效度是指通过分析题项各部分和测量维度的关系获得的效度证据，即根据心理学理论的构想对测验的结果加以诠释和探讨。结构效度主要取决于对理论假设的验证。在验证过程中，需要导出各项关于心理学和行为的基本假设，并分析因果关系，以检验测验结果是否符合心理学中的理论观点。最常用的结构效度分析法是因素分析法。

9.5 问卷调查法的统计方式

9.5.1 描述性统计

描述性统计用于总结和描述数据样本的一个或多个变量，可用于一次仅汇总一个变量（单变量分析）、分析两个变量之间的关系（双变量分析）及分析三个或更多变量之间的关系（多变量分析）。描述性统计一般包括数据的集中趋势分析、数据离散程度分析、数据的分布及一些基本的统计图形。常用指标有平均值、中位数、四分位数、方差、标准差、标准分等。

1．集中趋势

（1）算术平均数

算术平均数是表征数据集中趋势的一个统计指标。它是一组数据之和除以这组数据的个数/项数的值。

（2）中位数

中位数又称中值，是统计学中的专业名词，代表一个样本、种群或概率分布中的一个数值。对于有限的数集，可以把所有观察值按大小排序后找出正中间的一个值作为中位数。

（3）众数

众数是指一组数中出现频率最多的数，它可能是一个数，也可能是多个数。众数是通常以单个数字表达有关随机变量或总体的重要信息的方式。

2．离散程度

（1）标准差

标准差又称标准偏差、均方差，是用于衡量数据相对于平均值的离散程度的统计量。通过确定每个数据点相对于平均值点的偏差，将标准偏差计算为方差的平方根。如果数据点离平均值点更远，则数据集中的偏差更大。因此，数据越分散，标准偏差就越大。

（2）方差

方差是指对数据集之间分布的数据进行统计测量。更具体地说，方差通过取平均值的平方偏差的平均值来计算，衡量集合中的每个数据点与平均值点的距离。方差计算出数据集中的分布程度，数据越分散，方差与平均值的关系就越大。

（3）变异系数

变异系数是标准偏差与平均值的比例，通常以百分比表示。变异系数越高，平均值附近的离散程度越大。如果没有单位，它允许在测量尺度不可比的值的分布之间进行比较。变异系数的值越低，估计值就越精确。

（4）四分位数

将一组数中的数按数值由小到大排列并分成四等份，处于三个分割点位置的数就是四分位数。

- 第一四分位数，等于该样本中所有数值排列后第25%的数。
- 第二四分位数，等于该样本中所有数值排列后第50%的数。
- 第三四分位数，等于该样本中所有数值排列后第75%的数。

3．频数

（1）偏度

偏度（也称偏态）用于衡量实数随机变量概率分布的不对称性，用于测量随机变量的给定分布与对称分布的偏差。正态分布没有任何偏度，因为它两侧对称。因此，如果曲线向右或向左移动，则出现正偏度与负偏度，如图9-5所示。

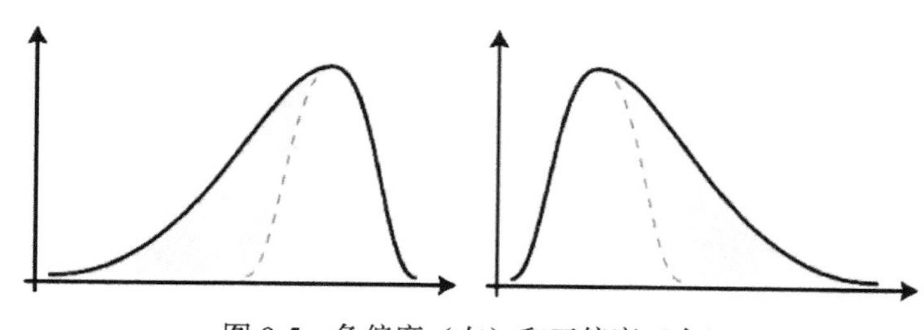

图9-5 负偏度（左）和正偏度（右）

（2）峰度

峰度是指概率密度分布曲线在平均值处峰值高低的特征数。直观来看，峰度反映了峰部的尖度。样本的峰度是与正态分布相比较而言的统计量，如果峰度大于3，则峰的形状比较尖，比正态分布峰要陡峭；反之亦然。

在统计学中，峰度衡量实数随机变量概率分布的峰态。峰度高意味着方差增大是由低频度的大于或小于平均值的极端差值引起的。

9.5.2 推断性统计

推断性统计是分析结果并从受随机变化影响的数据中得出结论的过程。统计推断是一种基于随机抽样来决定总体参数的方法，有助于评估因变量和自变量之间的关系。

1. Z分布

Z分布用于找出在已知方差和大样本量的情况下，两个分布的平均值是否会发生变化。它是一种假设检验形式，用于决定是否接受零假设。作为统计检验，它是单变量的，检验统计结果应服从标准正态分布。在下面几种情况下可使用Z分布进行统计。

- 样本量必须大于30。
- 样本数据应总是随机的；否则，测试统计结果可能会不准确。
- 数据点不得相似，除此之外，它们不得相互重叠。
- 数据必须反映标准正态分布。
- 必须知道总体的标准偏差。
- 如果总体标准差未知，则应假设样本方差等于总体方差。

在分布变异未知且样本量低于30的情况下，更合适使用T分布进行统计。

2. T分布

T分布是一种推断统计量，用于确定两组的均值之间是否存在显著差异。例如，记录抛硬币100次结果的数据集，将遵循正态分布且可能产生未知方差。T分布可作为假设的检验工具，适用于总体的均值。

3. 卡方分布

卡方检验是一种统计检验，用于比较观察到的结果与预期的结果，主要用于检测数据和预期数据之间的差异是由于偶然还是由于研究的变量之间的关系。

4. F分布

F分布是一种统计检验，用于确定具有正态分布的两个总体是否具有相同的方差或标准差。

9.6 练习题

选择一个游戏类App，设计并执行一份问卷调查。分析App中用户体验存在哪些问题？调查样本量为50～100人，对结构进行分析与总结。

知识要点提示：

- 如何分析问卷需求；
- 问卷调查的设计和问题编排；
- 问卷的执行；
- 问卷的信度与效度分析；
- 问卷的数据分析与总结。

第10章 实验法

实验法属于实证研究，是一种定量研究方法，包括实验和准实验。本章介绍实验法的定义、实验中的变量、实验流程、实验效度，以及实验法在数字媒体用户体验分析中的应用。

学习目标：

- 理解实验法的定义
- 了解实验法的类型和特点
- 掌握实验的流程
- 了解影响实验效度的因素

10.1 实验法的定义

10.1.1 什么是实验法

1. 定义

实验法（Experiment Study）是指系统地操控不同的实验条件，测量它们对被试者心理和行为的影响。实验中操纵和呈现的实验条件称为自变量，需要测量的随自变量变化的被试者反应称为因变量。参与实验过程的研究人员和其他工作人员称为实验者，作为实验研究对象的个人或群体称为被试者或实验对象。

实验法通过主动操控特定的变量来测量被试者的行为或生理变化指标，可以获得比较准确可靠的用户体验方面的数据。例如，在手机界面设计中，以不同版面布局的界面设计作为实验条件观察对用户操作的影响，实验对比哪种设计更受用户欢迎，如图10-1所示。除呈现的实验刺激外，还对其他可能影响被试者反应的环境变量，必须设法消除或控制。在上述实验中，对其他影响到用户浏览操作的因素，包括颜色、尺寸、呈现设备等，在所有呈现的版面设计中要保持一致。

图 10-1　手机界面的用户体验实验

提示

实验中除自变量外，其他影响因变量的因素都是要控制和消除的对象。

2．原理

实验法的目的是验证假设，建立自变量与因变量之间的因果关系，使实验结果的推论可以解释和预测其他同类现象。实验法的基本原理是将特定的刺激条件作为自变量，施加于目标被试者，将他们的反应作为因变量，判断自变量是否是导致因变量的原因。

为了建立变量间的因果关系，实验法常采用前后测或设立对照组的方法。前后测是先测量被试者在没有实验处理前的一个基础反应（前测），呈现实验刺激后再次测量另一个反应（后测）。如果前后两次测量的反应存在差异，实验者就可以判定自变量和因变量之间存在因果关系。

在设立对照组的方法中，实验组是在实验中接受实验处理的被试者组；对控制组，其他条件都和实验组相同，唯一的区别是不施加实验刺激，测量对比两组被试者的反应。如果实验组和控制组的反应有差别，就说明刺激对用户产生了作用，反之则说明实验处理没有效果。例如，研究某个教育App是否能促进学生的学习效果，一组学生作为实验组使用该App，一组学生作为控制组不使用任何教育App，实验后测量两组学生在知识和技能上的差异。实验法的主要优势在于能严格控制呈现刺激的条件，检查其是否引起了用户反应的差异，从而得出相对明确的因果推论。

注意

在实验过程中，需要呈现两种或以上的刺激条件，甚至可以将呈现和不呈现作为两种实验条件。

3. 类型

（1）实验室实验

实验室实验是在实验室内使用一定的设施，以随机化程序为基础，在严格控制的条件下刺激和测定被试者反应。在实验室实验中，实验者设定情境并操纵变量，采用随机抽样来选择被试者，观察实验处理是否有效果，如图10-2中的脑电实验。

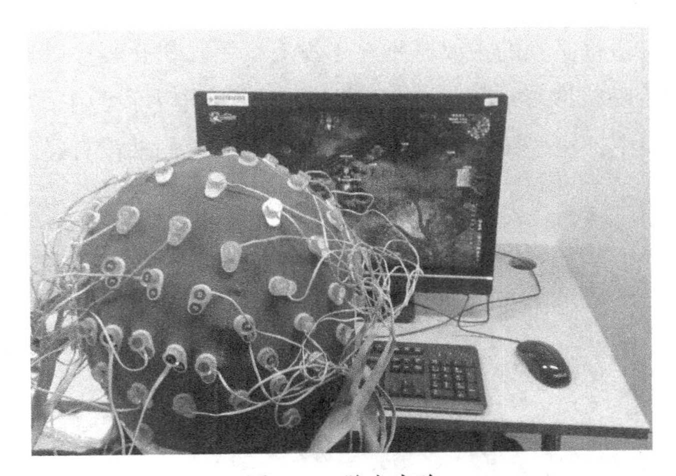

图10-2　脑电实验

实验室实验的主要优势是可以有效地运用实验控制手段，帮助研究人员较准确地解释实验刺激与用户反应之间的因果关系。实验者可以按照自己的研究目的，尽量排除那些可能干扰实验结果的变量，建立一个符合要求的实验环境。例如，实验研究角色的外形对动画效果的影响，就可以只呈现不同外形的角色让用户观看和评分，对其他的如人物动作、场景特效、故事情节、音乐效果等因素加以控制。同时，实验室实验属于小样本研究，可以只选择30～50个被试者进行研究，研究的成本比较小，省时省力。

但是实验室的人为环境限制了所得出的研究结果在现实生活中的实用性，较小的样本量往往也影响研究的效度。在现实生活中，人的选择和行为总是受到众多因素的影响，而实验室环境受到太多的人为控制，研究结果的外部效度比较低，需要进一步验证其是否也适用于现实环境。另外，尽管实验室实验强调程序的随机化，但在实际过程中常常无法保证严格随机化的实施。而且，实验室实验的适用范围有一定的限度，对大规模用户行为和反应的研究就无法在实验室中进行，如微信使用对大众观点形成和传播的影响。

注意

实验室实验的环境是人为设定的，可以对实验变量进行严格的控制，但有许多现实中的情况在实验室中无法模拟和再现。

（2）现场实验

现场实验也称自然实验，是在日常的生活、工作和学习等活动中进行的，有计划地控制或改变某些条件，观察被试者心理和行为的变化。现场实验的设计没有运用随机化程序，也没有严格的控制方法。例如，在路边摆放设备来呈现产品，收集路人的关注和停留观看情况。

现场实验和实验室实验的主要区别在于没有运用随机化程序筛选被试者和呈现实验条件。现场试验随机取样或以原来的用户小组直接作为实验中的处理组和对照组。例如，在海报实验中，每个路过的行人都是被试者，他们并没有经过随机选择和分组的程序，如图10-3所示。

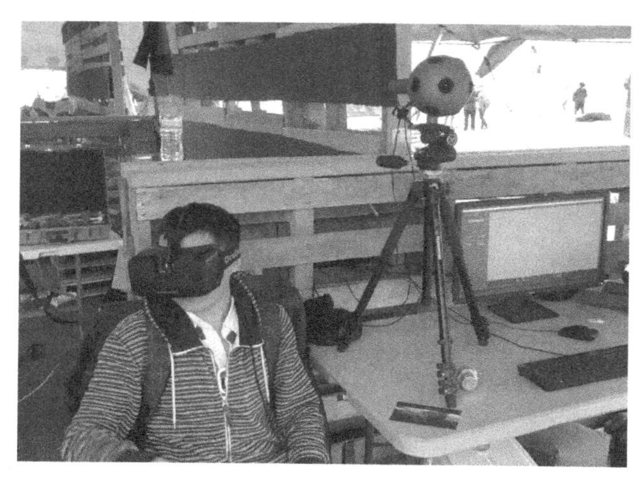

图 10-3　用户体验的现场实验——海报实验

现场实验的优势是保持了原来的自然情境，并且被试者的心理状态也会比较放松和自然，避免了实验室中人为背景的影响。特别地，有很多情况是在实验室中无法模拟的，只能采用现场实验。在这点上，现场实验法接近于观察法，但其中加入了实验条件操控的环节。但现场实验是在自然情境下进行实验的，实验过程中可能会出现难以预料的干扰因素，影响实验的最终效果。现场实验缺少随机化的抽样和实验安排，它样本的代表性和结果的普遍性也会受到限制。因为不能有效地操控变量，且包括众多的影响因素，现场实验比较难确定自变量与因变量之间的因果关系。

小例子

现场实验：网站“点赞”如何影响评论

以色列希伯来大学、美国哈佛大学和纽约大学的一项合作实验，研究了网站的“点赞”和“反对”操作对用户评论的影响，他们的成果于2013年发表在著名的学术期刊*Science*上。研究收集了30多万次网友打分，发现一开始就被“点赞”的评论最终得正分的可能性比对照组高出32%，最终的得分也比平均值高了25%。特别是文化、社会、政治和商业类的新闻评论，容易受到最初“点赞”的引导和影响，普通新闻和经济新闻则受影响较小。

10.1.2 实验法在数字媒体用户体验分析中的应用

1. 对比设计决策

在数字媒体开发中往往面对多个设计方案，如果只凭设计师的主观经验和判断进行决策，容易导致盲目实施和执行，最终产品没有达到预期效果，还消耗了大量的人力和时间。对于设计方案的选择和取舍，可以通过实验法来验证它们对用户的影响，帮助设计师做出更好的决定。常用的方法是A/B测试法，就是为同一个产品设计两个（A/B）或两个以上的方案，邀请背景相同的用户作为被试者来试用这两个不同的方案，测量他们的行为和反应数据，帮助分析和评估哪个版本的设计更受用户欢迎，示例如图10-4所示。实验法通过对比验证设计决策，可以有效解决开发过程中的不同意见和争论问题，根据实证数据来决定最后采用的方案，同时也能及早发现设计中存在的用户体验问题，提高产品的设计水平。

图10-4 A/B测试法示例

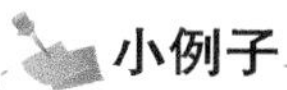

“今日头条”的起名实验

“今日头条”从诞生之初就非常重视实验，每发布一个新版App，都会将多个版本放在各个渠道进行多次A/B测试。“今日头条”这个名字本身，就是在分析Apple Store榜单前列的产品名字特征后先取一些备选名字，然后在不同的发布渠道进行实验对比，统计不同名字下的用户下载量等指标，才最后决定使用的。

2. 可用性测试

可用性测试用于测量用户尝试使用产品时的反应，它可以专注于单个的产品特征，也可以广泛地应用于产品的整个使用场景中。可用性测试本质上是一种实验设计，它的自变量是要求被试者完成的特定操作任务，包括任务的不同类型、数量、先后顺序等；它的因变量是任务导致的用户特定反应，如任务完成时间、正确率等。表10-1列出了用户测试中常用的任务指标和解释。

表 10-1　用户测试中常用的任务指标和解释

任务指标	标准	解释
转换比例	增加的新用户和付费用户数量	新用户留存率和付费率
平均订单价值	金额	用户平均收入
页面访问增量	增加的数字或百分比	新增用户量和接受度
放弃的减少度	减少的数字或百分比	用户流失率和放弃率
学习成本降低	减少的数字或百分比	用户上手难度
客服成本降低	减少的天数或小时数	客服及论坛求助程度
使用量的增加	平均使用时长增加比例	用户参与度
用户时间节省	时间与人力成本	用户阅读或查阅帮助的次数

实验者会设计一系列操作任务，通过观测被试者完成这些任务的过程来分析用户如何使用产品和可能存在的问题。使用可用性测试得到的用户行为数据比较客观，能够及早发现产品操作和体验方面的问题，提出改进的建议，从而帮助排除用户的使用障碍，提高他们的满意度和忠诚度。图10-5所示为用户测试在产品开发中的作用。

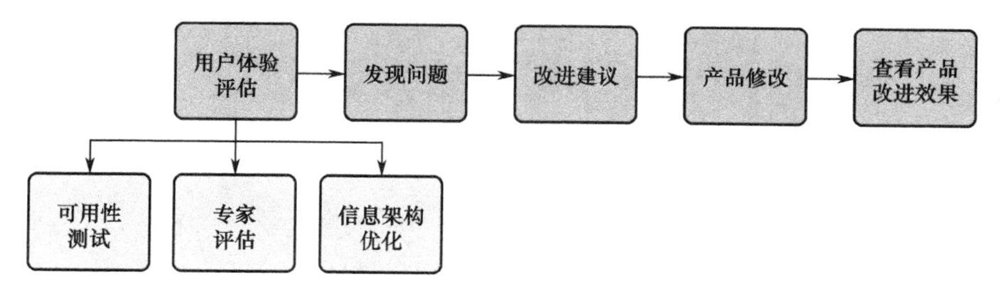

图 10-5　用户测试在产品开发中的作用

技巧

在可用性测试时可以邀请产品设计人员参与到观测过程中，让他们亲眼看到用户的操作过程，增加研究结果的说服力。

小例子

Expedia的用户体验实验

旅行网站Expedia建立了专门的可用性测试实验室，用于分析用户体验和进行设计决策，帮助产品在激烈的竞争环境下保持优势。Expedia对网站设计上的功能创新都会进行实验，如按钮设计成多大合适？可预订房间数如何呈现给用户？在他们的可用性测试实验室中，安排了专业的眼动设备，用于测量用户在操作过程中的眼动轨迹和关注焦点。

3. 量化用户感觉和体验

用户对产品的日常反馈往往停留在感觉层面上，如“不好玩”“不好看”“不好用”等，这样的反馈对产品设计来说无实质意义。用户体验的研究人员，必须对用户的感受和体验进行量化，深入发掘这些反馈背后的原因和影响因素。实验法适合准确量化用户的感受，特别是可以测量用户那些隐藏的、无法自我报告的反应和态度。例如，呈现产品的两幅图片让用户进行选择，测量他们的反应时间作为喜爱程度的指标，就可以量化用户对产品的态度。

小例子

网页加载速度影响用户体验的程度

浏览网站时，用户没有耐心等待，但网页的载入速度究竟在多大程度上会影响用户的感受呢？微软的搜索引擎Bing进行了一项专门研究，发现2秒的页面延迟就会降低3.8%的用户满意度，减少4.3%的用户点击数，降低4.3%的网站收入。这些量化的数字让提升网页加载速度非常重要，因为对很多大型网站来说，2秒的延迟就会导致损失数百万美元的收入。

10.2 实验中的变量

在实验中，各种需要操纵、观测和控制的条件或因素称为变量，实验法常见的变量包括自变量、因变量和无关变量。

10.2.1 自变量

1. 定义

自变量是实验中研究人员主动操作从而引起因变量变化的条件或因素的总称，是另一变量变化的原因。按照实验者操作程度的不同，每个自变量又可分为两个或两个以上的水平，即自变量特定的取值，只有一个水平、没有变化的变量不能成为自变量。例如，研究手机界面亮度对用户操作的影响，可以操纵设置强、中、弱不同的亮度水平。

在实验中，自变量变化水平的操纵是一个关键问题，变化幅度过大或过小，都可能不利于对因变量变化的观测。不管自变量变化的幅度有多大，因变量的改变都很小或者没有，这种现象称为"地板效应"或"底层效应"。如果实验中指定的任务过于困难，则无论把手机界面亮度调高或调低到什么程度，用户的操作效率高低都没有任何变化。反之，不管自变量变化与否，因变量的值始终都很高，这种现象称为"天花板效应"或"顶层效应"。这种情况常常出现在要求被试者完成的任务过于轻松，不管在什么实验条件下大家都能获得较好的结果时。这两种情况都会导致因变量对自变量的不敏感，无法观察因变量如何随着自变量而改变、建立因果关系，在实验中应尽量避免。

提示

实验的自变量至少要有两个水平，甚至将操作和不操作当成两个水平。

2. 自变量的类型

（1）任务变量

任务变量是要求被试者进行的不同任务操作，在数字媒体用户体验分析中最为常见，包括网站浏览、界面点击或游戏操作等。例如，在购物网站的研究中，要求被试者在网站搜索，找到想购买的物品并完成下单，如图10-6所示。

图 10-6　操作任务作为自变量

小例子

点击次数增多会导致用户流失吗？

在界面设计中，如果用户需要点击很多次才能找到目标内容，是不是会导致他们产生挫败感、不耐烦甚至放弃产品呢？Joshua Porter的实验证明，用户的点击次数与是否烦躁之间没有明显的联系。研究发现，点击12次的用户并不比点击3次的用户离去的倾向更高，也几乎没有用户因为点击次数多而放弃产品。对于能为用户带来愉悦体验的界面，哪怕需要十几次点击来完成某项操作，用户也会欣然接受。

（2）机体变量

机体变量是以用户的背景特征或状态作为自变量，包括年龄、性别、职业、性格、教育程度、使用经验、疲劳程度等。例如，实验对比游戏特定玩法对不同经验玩家的吸引力，可将玩家对游戏的熟悉程度作为自变量。对于属于机体特征的自变量，实验者无法进行操纵，只能加以选择和分组，如用户的性别、年龄等。

（3）环境变量

环境变量是实验时用户所处环境的各种条件，如实验室的温度、照明、噪声、时间等。例如，用上午、下午和晚上这三个不同的时间段作为自变量，实验对比用户浏览网站的习惯差异。

（4）复合变量

以上几种都是单一自变量，有些实验中还会结合多个单一自变量来进行实验处理，研究它们的综合效应，称之为复合变量。例如，同时使用机体变量和任务变量，让不同年龄组的用户来试用产品的功能，考察年龄和任务复合变量对用户体验的影响。

10.2.2 因变量

1．定义

因变量是因自变量变化导致的行为态度或生理上的变化，属于被试者心理过程的外显。因变量一般可以直接或间接地被观察，是实验中要测量和记录的对象。实验因变量的选择首先要考虑其是否有效，即因变量的变化是否是由实验者操作自变量引起的。例如，在网站的版面设计实验中，把用户点击率作为因变量，对比哪种版面设计能够吸引更多的用户。因变量必须对自变量有敏感性，自变量的改变能够对因变量产生可观察的效果，如网站的版面设计确实会影响点击率的高低。

2. 类型

（1）任务指标

任务指标是用户完成所要求的操作任务时的各种指标，如操作时间、正确率、错误率、反应次数等。例如，记录和对比网站上某个功能入口的点击率，观察哪种设计能吸引更多的用户。

技巧

作为因变量的测试任务应难度适中，随着实验进程的推进而逐步提高任务难度。

（2）主观指标

主观指标是实验中被试者的主观评价，如问卷、访谈、口语报告等。例如，用户使用某个界面后，填写问卷，对使用过程和体验进行评分。

（3）生理指标

生理指标是被试者身体和生理上的变化，包括眼动、脑电波、心率、皮肤电等。例如，研究对比观察不同广告时的心电反应数据。

小例子

眼动实验证明网页浏览时最先关注左上角

用户研究专家Jakob Nielsen使用眼动仪测量被试者的视觉轨迹，研究了230个用户在浏览网页时的阅读习惯。结果发现，用户从网页左上角看起，浏览完前面几行的内容后，越往下看的时间越短，形成一个“F”形的视觉轨迹。这项研究表明，网页设计时最关键的内容要放在左上角，才能最容易被用户注意到，增加被阅读的机会。

10.2.3 无关变量

1. 中介变量

中介变量是与被试者内部过程或状态有关的，是刺激与反应之间存在的一系列不可被直接观察的中介因素。中介变量用来帮助解释自变量与因变量之间的因果关系，在这两个变量间已经存在关系时进一步探究这个关系的原理和背后机制。

如图10-7所示，实验中先观察自变量X对因变量Y的作用，如果自变量通过变量M影响因变量，M是自变量X的结果也是因变量Y的原因，则M称为中介变量。例如，作为自变量的产品操作便捷性会影响作为因变量的最终购买行为，但在操作体验和消费行为之间，用户满意度又会起到中介作用，满意度是操作体验的结果又作用于最终的购买行为。中介变量分为完全中介和部分中介两种，完全中介指自变量对因变量的作用完全通过中介变量，部分中介指自变量对因变量的影响一部分通过中介变量。

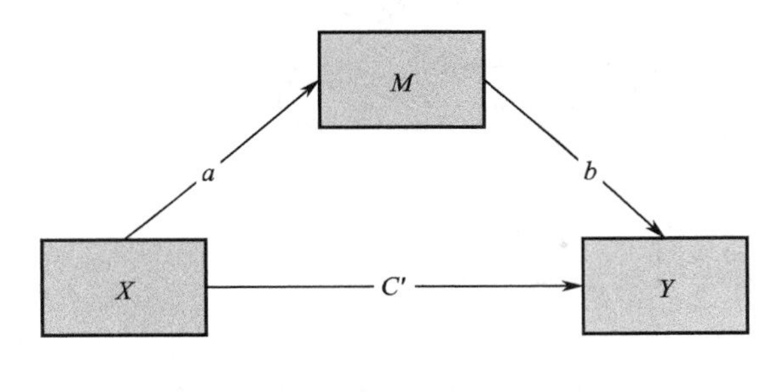

图 10-7　中介变量

注意

实验中的自变量和因变量都可以直接或间接地被观察到，中介变量往往不可被观察到。

2. 控制变量

控制变量又称额外变量，是实验过程中除自变量外会引起因变量变化的其他因素。控制变量是需要被严格控制的，否则会影响实验效果、混淆研究中的因果关系。例如，实验人员的暗示导致被试者做出有倾向性的反应，实验室温度或噪声影响用户感受等。实验人员必须尽量消除和控制其他可能影响因变量的这些因素，才能准确地测量自变量对因变量的作用，保证实验的有效性。实验中处理控制变量的常用方法包括消除法、恒定法、平衡法和随机法。

（1）消除法

消除法将可能影响因变量的控制变量从实验中排除出去。例如，环境中的噪声会影响用户的反应，就把实验都安排在隔音室中进行，这样能有效地消除噪声变量对实验结果的影响；在游戏产品的用户测试时，为了消除对游戏熟悉程度的影响，会专门选择没有玩过该游戏的被试者来进行试玩。使用消除法可以有效地控制实验中的控制变量，帮助建立自变量与因变量之间的因果关系。但是环境具有人为性，会影响实验结果是否可以推广到真实情境中。例如，日常生活中的用户常常在各种噪声下使用产品，隔音室中的操作结果很难适用于人们日常生活中的同类行为。

（2）恒定法

恒定法是在实验过程中将控制变量在所有的实验条件下都保持恒定不变。例如，光照条件会影响被试者的反应，那么就让所有被试者都在同样强度的光照下进行操作和测试反应，使光照这个控制变量在不同的实验场所和时间都保持恒定。

同时，实验过程也要保持标准化，所有实验组和控制组使用同一程序进行实验。除可以操纵的控制变量外，被试者的特征变量也要保持恒定，如年龄、性别、教育程度和使用经验等，即所有实验条件都相同。使用恒定法可以较好地消除实验中控制变量的影响，防止实验结果发生混淆，但是实验结果被限定在所控制的控制变量水平上，不能够推广到其他实验条件下。例如，在特定光照强度控制下所测量的被试者反应，并不能适用于其他光照条件。

（3）平衡法

平衡法又称匹配法，是指将控制变量纳入自变量中，让实验组和对照组的被试者特征相匹配。平衡法先观察和测量所有被试者与目标任务相关的属性，然后把被试者平均分成相等的实验组和对照组。例如，在游戏的用户测试中，按照以前玩游戏的经验，把操作水平相同的被试者划分到实验组和对照组，使其保持平衡。这种方法在处理单一控制变量时比较有效，但如果要考虑两个或两个以上的被试者属性，匹配过程就会非常困难。如果实验过程中同时考虑被试者的操作水平、性别、年龄、教育程度等因素，把被试者按照这些属性分成相等的两组，则可能无法完成匹配。另外，被试者的很多内在的隐藏属性也很难被观测和进行匹配，如参与实验的动机高低等。

（4）随机法

随机法把被试者随机地分配到各个实验组中，每个被试者都有相同的机会被分到任意一组中。理论上，随机法形成的各个实验组在各种条件和机会上都是均等的，即在控制变量上实现了平衡。除被试者外，实验刺激的呈现也可以随机化。例如，产品呈现的先后顺序可能导致被试者评价的差异，那么产品出现的次序都是随机的，以消除顺序先后造成的偏差。随机法的优势在于可以消除那些难以观测的内隐变量的影响，如被试者的动机和疲劳程度等。注意，在实际的实验设计中，往往无法达到完全随机。

10.3 实验流程

10.3.1 典型案例：使用脑电技术测量游戏用户体验实验

学习目的：了解用户体验实验的流程。

重点难点：如何提出和验证实验假设。

步骤解析：

1. 提出实验假设

不同游戏产品激起的用户脑电反应会有显著的差异。

2. 设计实验方案

以游戏产品作为自变量，包含两个不同的游戏，以用户的脑电反应作为因变量。采用被试内设计，每个被试者都要试玩两个游戏。游戏以随机次序呈现，消除可能的顺序效应。

3. 实施实验

招募11名被试者参加实验，包括6名女性和5名男性。实验前，研究人员先介绍实验背景、目的和过程，被试者签署知情同意书。然后，被试者坐在椅子上，头部带上脑电测量的电极帽和电极。接着，被试者在手机上试玩所呈现的两个游戏各10分钟，同时测量这期间脑电反应的数据。

4. 实施结果

对收集的试玩不同游戏时的脑电数据进行统计分析，通过对比数据的结果发现差异不显著。因此，实验拒绝最初的假设，结论是玩不同游戏时的脑电反应没有明显的差异。

案例总结：实验研究的目的是建立自变量与因变量之间的因果关系，需要先提出实验假设，在假设基础上设计实验方案，然后执行方案，收集数据，分析数据结果后决定是接受还是拒绝最初的假设。

图10-8所示为实验流程。

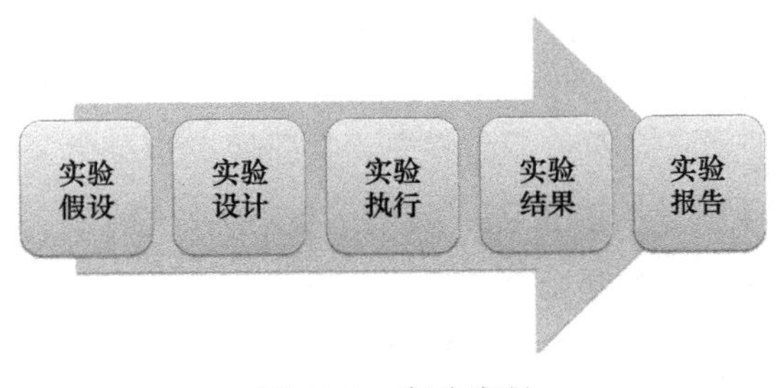

图10-8 实验流程

10.3.2 实验假设

1. 什么是实验假设

实验假设是关于两个或两个以上变量之间关系的猜测性陈述，提出了回答问题的尝试性策略，能够通过实验过程观测数据，对其进行验证或证伪。实验假设是实验的出发点，根据实验目标形成一个准确和清晰的实验假设，这是实验研究成功的基础和前提。在前期观察的基础上形成实验假设，如图10-9所示。

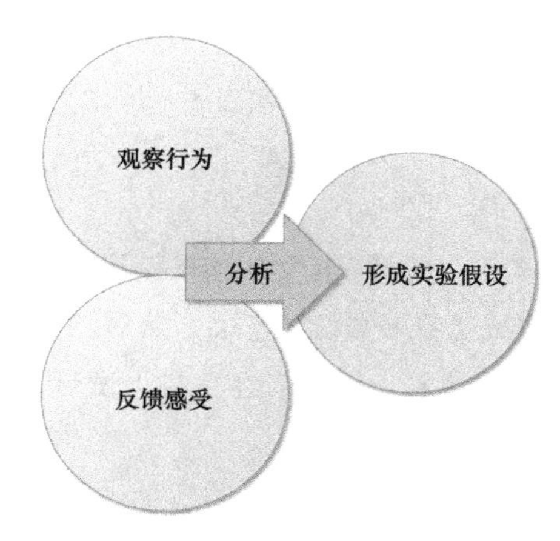

图 10-9　形成实验假设

形成假设和验证假设是实验法最关键的两个过程，特别是实验假设决定了实验价值的大小，如果假设本身缺少价值，就不值得展开进一步的研究去探讨和验证它。实验假设限定了实验研究的范围和方向，与实验假设无关的影响因素不在本次实验研究的探讨范围内。

提示

实验假设必须是可以被验证或证伪的陈述。

2. 实验假设的特征和标准

实验目标只是提出了研究的目标和方向，实验假设则提供了一个可供验证的论点，用来确定实验的方法和引导实验过程。实验假设有两个特征：它是一种猜测和推论，需要进一步的实验过程来观测和验证；这种猜测不是无根据的，而是有理论或现实依据的。实验假设尽管具有推测的性质，但是建立在良好的根据上，它是实验者根据已有的理论和研究结果作为指导、从自身的经验归纳出来且是可以被验证的。

用户研究的实验假设要语句简练，列出具体的设计改动和预期达到的效果。一个好的实验假设首先要有足够的根据，根据坚实的理论基础和现实依据而形成；其次，实验假设是可以被验证或证伪的，保证实验中的变量是可控的且结果可以被观测到。有很多推论无法通过科学的方法证明其对错，就不能被作为实验假设，如“所有成功的产品都满足了人性的根本需要”，这种陈述太模糊而无法进行观测和验证。最常见的表述是“如果（变量A变化），那么（变量B会发生什么）”。

小例子

新手任务难度对游戏玩家流失率影响的实验假设

实验目标：研究游戏新手任务难度对玩家流失率的影响。

实验假设：如果降低游戏的新手任务难度，玩家流失率就会减少。

3．形成和验证实验假设

在确定实验假设时，一方面，可以从现有的用户体验理论和研究出发，通过综合研究文献和资料来分析问题并形成研究假设。另一方面，从产品的设计和用户使用的实践中去发掘问题，留心观察和收集用户反馈来做出推测。图10-10所示为用户体验研究时实验假设的主要来源。

设计期望

数据情况

过往研究经验

实验假设

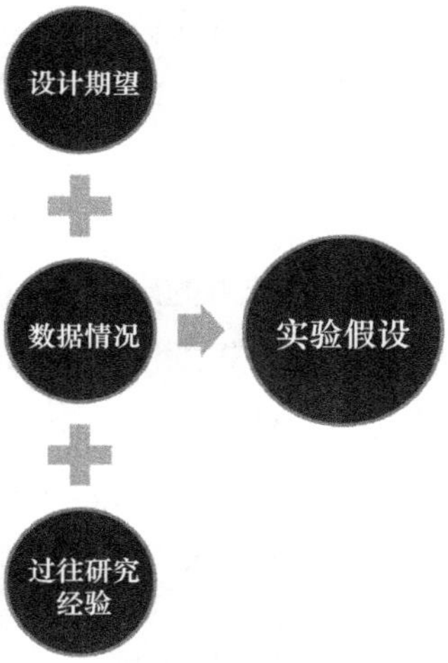

图10-10 用户体验研究时实验假设的主要来源

用户体验人员需要和产品团队反复沟通，从产品现阶段的特征和用户反馈中寻找可能存在的问题。用户体验人员也要试用要研究的产品，演示重要的流程，记录有价值的想法和案例。特别是对于已经上市运营的产品，要从用户数据中寻找实验想法的依据。

如果实验假设被实验所证实，就可以作为结论被采用和推广；反之，如果实验结果与假设不符，如游戏的新手任务难度对玩家流失率没有影响，就需要修改原来的假设，再次进行新的实验。需要注意的是，在实验室条件下，即使假设被证实也只能认为发现的因果关系在特定环境下成立，必须做进一步实验来搜寻更多的证据。在实验假设没有被证实时，也不要急着抛弃原来的假设，而是可以在原来的基础上进行修正，来指导新的实验，如“降低游戏的新手任务难度且提高奖励，玩家流失率就会减少”。

10.3.3 实验设计

形成实验假设后，下面需要设计一个可行的实验方案来验证所提出的假设，对整个实验过程进行具体的规划。实验设计的目的是有效地操作和呈现不同的实验条件，测量因变量的相应变化，以及严格地控制额外变量。合理的实验设计需要回答所研究的问题并准确地检验实验假设，有良好的内部效度和外部效度，同时要合理安排人力、物力与时间。

1．被试间设计

被试间设计又称组间设计或独立组设计，是指在不同的被试者之间进行对比，让每个被试者或被试者组都只接受一种自变量水平的实验处理。

被试间设计的优势在于每个被试者都只接受一种实验处理，一种实验处理不会影响到另一种。这就最大限度避免了不同自变量水平之间的影响或污染，如不同实验处理造成的顺序效应或练习效应。以被试者特征或背景（如性别、年龄、教育程度等）作为自变量的实验研究，一般只能采用被试间设计。但是每个实验处理都需要不同的被试者，造成整个实验过程必须招募大量的被试者，导致实验成本的上升。同时，因为每个被试者都是不同的个体，被试间设计还会带来个别差异对反应的影响。

在实验中，被试间设计常常采用匹配组设计或随机组设计，来控制被试者个体差异对实验结果的影响。匹配组设计是在实验前先让所有被试者完成一次和实验任务相关的测试，根据测试成绩的高低将被试者匹配分到不同的组中，再把这些组分到不同的实验条件下。随机组设计是随机将被试者分配到不同的组中，每个组都接受一种自变量水平的实验处理。理论上，每个被试者被分配到不同组中的机会都是平等的，这就避免了某个特定组的被试者存在偏差。

2．被试内设计

被试内设计又称组内设计或重复测量设计，让每个被试者或被试者组都接受所有自变量水平的实验处理，对比不同实验处理条件下的反应。被试内设计可进一步分为完全被试内设计和不完全被试内设计，完全被试内设计下每个被试者都接受自变量所有条件下的实验处理，不完全被试内设计下每个被试者都只接受自变量每个条件下的一次实验处理。

被试内设计的优势是使用重复测量，所以只需要少量被试者就可以完成实验，也可以消除被试者的个体差异对实验结果的影响。特别是对可用被试者比较少的特殊人群，如老人、儿童、患特定疾病的用户等，被试内设计可以减少用户招募的困难。但它不能有效控制不同实验处理之间的影响，一种自变量水平下的实验处理将可能影响到另一种自变量水平下的反应，称之为顺序效应。例如，要求被试者操作两种界面时，因为练习效应或者疲劳，界面呈现的先后顺序会影响被试者的操作效果。

被试内设计常采用随机法来呈现实验刺激，消除实验中的顺序效应。随机化是指让每个实验处理条件出现的顺序都随机决定，保证所有处理条件都有同样的机会出现在任何一个位置。在实验设计中，拉丁方设计（Latin Square Design）用来控制顺序效应。它用*n*个拉丁字母排成行数和列数相同的方阵，用不同的变量呈现顺序构成一个正方形的矩阵，让每种实验处理在每行或每列都只出现一次。表10-2和表10-3分别展示了奇数和偶数拉丁方设计示例。

表10-2　奇数拉丁方设计示例

被试者	实验处理顺序		
1	A	B	C
2	B	C	A
3	C	A	B

表10-3　偶数拉丁方设计示例

被试者	实验处理顺序			
1	A	B	C	D
2	B	C	D	A
3	C	D	A	B
4	D	A	B	C

注意

被试间设计和被试内设计没有优劣之分，实验处理易造成污染时应选用被试内设计，实验的被试者差异很大时应选用被试间设计。

3．多因素实验设计

多因素实验设计又称多变量实验设计或因子式设计，是指在一个实验中包括两个或两个以上的自变量，而且每个自变量又有多个水平的实验设计。“因素”指构成实验设计的自变量，是能操纵的变量（如不同的界面效果）或者不能操纵的变量（如年龄和性别），但在实验设计中应至少包括一种能操纵的变量。在有多个自变量的情况下，除自变量对因变量的主效应外，还可能出现不同自变量之间的交互作用，这些交互作用常常比主效应更重要、更有意义。

多因素实验设计适合研究复杂情境下多个变量之间的交互作用，特别是能在很大程度上考察真实生活中各因素之间的复杂关系，实验结果与实际情况更接近。但是因为涉及多个自变量的操作，实验过程耗费的人力、物力和时间也更多，对实验过程的控制要求更高，数据结果的统计分析和解释往往更复杂。

多因素实验设计也可以分为被试间多因素实验设计和被试内多因素实验设计。前者要求每个被试者接受不同的实验处理条件，后者要求每个被试者接受全部的实验处理条件。多因素实验设计也可以采用拉丁方设计来控制顺序效应，但要求不同的变量之间无交互作用，并且每个变量的水平数量都相同。

4．准实验设计

准实验设计不需要随机化程序，也没有严格的实验控制，常见的准实验设计包括回归间断点设计、不等同对照组设计和间歇时间序列设计。

（1）回归间断点设计

回归间断点设计是指实验前先测量被试者的特征或反应，加以实验处理后进行事后的测量，对比两次测量的结果测试实验处理是否有效果。回归间断点设计简单易行，不需要对被试者进行随机分组或匹配，通过前后测对照可以有效地检查实验处理的效果。但是回归间断点设计的外部效度比较低，实验结果不能轻易推论到其他情境中。

（2）不等同对照组设计

不等同对照组设计是指参与实验的各组之间有一个或一个以上的特征不相同，它所选取的两组被试者要尽量同质或从同一样本总体中抽取。例如，从一所学校中选取两个班级，一组作为实验组使用某个教学App，另一组作为对照组不使用，实验对比两组成绩的差异。不等同对照组设计有较好的内部效度，但是被试者特征差异与实验处理效果之间的相互作用可能影响对结果的解释。例如，作为实验组和控制组的两个班级，可能在学习成绩上原本就存在差异。

（3）间歇时间序列设计

间歇时间序列设计是指在实验处理前先对被试者进行多次重复观测，实验处理后再次对因变量进行多次重复测量。它通过对整个时间序列的测定结果的比较，更精确地确定实验处理的效果，降低了因单独一次观测到错误结果的概率。间歇时间序列设计可以在较长的时间跨度中考察因变量随自变量变化的趋势，提供发展过程中的信息，建立两者之间比较明确的因果关系推论。但是多次重复测量增加了人力和时间成本，并且在实验过程中必须长时间保证被试者的稳定，中间要防止更换和流失被试者。重复多次的测量也延长了实验过程，被试者更容易感到疲劳、厌倦甚至不配合实验过程。

10.3.4 实验执行

1．实验指导语

实验指导语是实验者给被试者讲述实验背景、实验过程和交代任务时的说明，引导和影响被试者在实验中的行为和反应。

实验指导语的制定需要非常审慎和严格。首先，要做到标准化，指导语的内容、呈现过程及实验者讲述时的语气、态度等都必须一致，保证每个被试者参加实验时收到的指导语都是相同的。其次，指导语必须完整，交代清楚对被试者的要求，如让被试者尽快完成标准化的任务，或让他们以自己的方式慢慢探索所有细节。不同实验的不同要求要事先规划好，写在指导语中。最后，指导语的用词应尽量简单明确，不要使用模糊的词语和难以理解的专业术语，确保被试者能马上理解指导语的内容和要求。

小例子

手机App界面用户实验的指导语

“您好。非常感谢您能来参加本次实验，我们的实验是为了改进界面的用户体验，收集的数据只用于产品研究和开发，我们将绝对保证参与者的匿名性。请在听到实验开始的指令后，尽快使用这个手机上的App完成网上预订房间的操作，您的反应没有‘正确’与‘错误’之分，请根据您自己的判断进行操作。”

技巧

为了确保指导语标准化，消除实验者表情、态度和语气的影响，实验中可以用录音设备给被试者播放指导语。

2. 训练实验者和被试者

实验者和参加研究的人员在实验中都可能有意或无意地对被试者反应产生影响，如表现出来的语气、情绪和动作等，称为实验者效应。为了控制实验者效应，实验前需要对实验者进行培训，要求其在实验过程中面对所有被试者的言行、态度和举止尽量相同。表10-4所示为对实验者的常见训练。

表 10-4 对实验者的常见训练

实验前	实验中	实验后
强调测量的是任务本身而不是被试者品质	在实验现场保持轻松的气氛	以匿名的方式报告实验数据和结果
告知任务中可能存在问题	避免外来的干扰	取得被试者同意后，才能使用其照片、音频和视频
让被试者知道可以随时要求停止实验	不要以任何方式表现出对被试者的态度	给予应允的实验报酬
解释所有使用的录音录像设备等监控设施	如果有突发情况，则停止实验	
告诉被试者收集的数据将会保密		
回答被试者提出的问题		

对被试者的训练，主要是为了让他们能完成实验中相关的任务，例如，实验前先学习目标游戏的角色创建和基本操作。同时，为了保护被试者的权益，在实验开始前要求被试者签署知情同意书，表明他们已经充分了解实验的具体情况且同意参加此次实

验。用户实验中还要特别注意其中的伦理问题，避免实验过程和任务对被试者造成心理上或生理上的伤害。在设计实验时，实验者对实验的安全保障、实验结果可能发生的危害和相关的补救措施也要做好充分的准备，培训研究人员如何应对可能的突发事件。

3．实验室环境设置

实验室服务于用户体验研究的相关工作，其中需要安装各种用户测量和记录设备，包括高精度的录音录像系统及用于被试者生理指标测量的眼动仪和脑电设备等。实验室中其他的辅助设备还包括用来呈现产品的投影系统、各种计算机和移动设备及常用的文具等。

除被试者完成实验任务的实验室外，还可以设置一个实验者用来观察的观察室。图10-11所示为一个实验室的示例，其中单独有一个观察室。

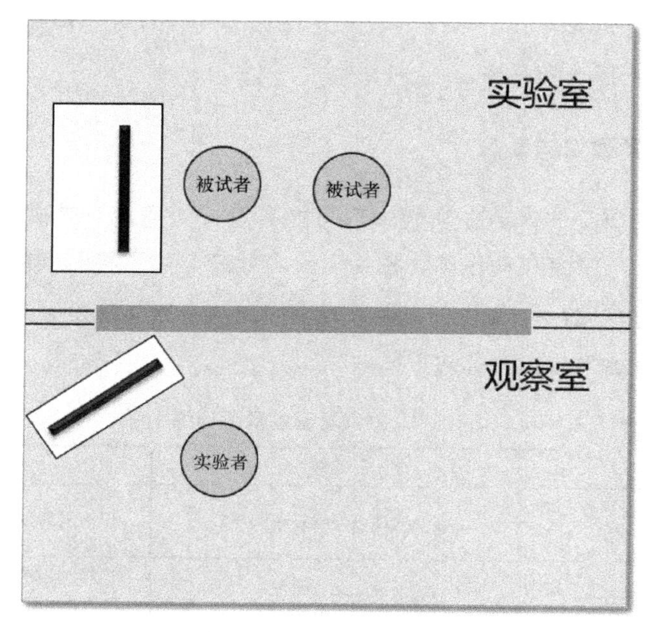

图10-11 实验室和观察室

提示

实验室与观察室之间的玻璃是单向可视的，能够让实验者观察实验过程，但被试者不会觉察到实验者的存在。

10.3.5 实验报告

1．什么是实验报告

每次实验结束后，都要及时撰写实验报告。实验报告是根据实验过程所写的，对实验目的、实验假设、实验设计、实验方案、实验过程和实验结果进行描述和记录，并且针对研究问题提出初步结论和改进的建议。除回答研究问题和改善产品用户体验外，实验报告还可以帮助研究人员总结研究过程，积累研究资料，不断改进研究。

实验报告要做到准确和客观，真实记录实验的过程和结果，不能随意加入实验者的主观意见。一份科学的实验报告能够让其他重复这项实验的人得到同样的实验结果，让实验可以被重复和证实。

2．实验报告的结构

（1）实验名称

实验名称说明实验的基本内容，尽量简练和准确，如“×××界面×××特征的用户可用性测试实验”。

（2）实验时间

记录进行实验的时间。

（3）实验地点

实验地点说明环境设置和相关设备。

（4）实验背景

实验背景说明这个实验的目的是什么，解释为什么要做这个实验，要解决哪方面的问题，又通过什么方法来进行实验。

（5）实验假设

实验假设解释形成的假设和依据，根据已有的科学理论和现象对变量关系做出预测。

（6）被试者

说明被试者的数目、选择和招募过程，以及采用的抽样方法。

（7）实验设计

实验中涉及的自变量和因变量、因变量的测量方法、采用的设计方案，以及对控制变量的控制方法等。

（8）实验过程

实验报告要详细记录每个实验步骤，包括如何操纵自变量及所用到的设备和测量工具。

（9）实验数据分析

重点是实验组和对照组的对比，两者的结果有没有统计学意义上的差异，原始数据可以放在附件中当成参考资料。

（10）实验结论

对整个实验结果进行分析和解释，把实验结果和最初的实验假设联系起来进行讨论。如果实验结果和假设符合，可以说明什么问题？又验证了什么设计方案？如果本次实验没有验证假设，可能的原因是什么？接下来如何调整研究方向？

（11）实验总结

分析本次实验的发现和不足之处，特别是指出后续新的研究方向。

（12）参考资料和附件

实验中所参考的资料和其他相关材料，如实验的原始数据或被试者访谈的录音录像资料等。

10.4 实验效度

实验效度是实验本身能够达到实验目的的程度，即实验研究是否验证了假设，建立了自变量和因变量的因果关系，并且结果可以推广来解释其他同类现象。实验效度一般分为内部效度和外部效度。

10.4.1 内部效度

1．什么是内部效度

实验的内部效度代表实验结果的准确性，指研究结果在多大程度上可以验证实验假设和回答所要研究的问题。内部效度代表自变量对因变量解释的程度，如果对研究结果只有自变量的操纵这一种解释，内部效度就较高；如果对结果有不止一种解释，内部效度就较低。

评价内部效度一般看实验设计是否恰当，实验有没有按照设计执行，以及实验过程中有无意外发生。在正式实验前进行一次或多次预实验，检验实验过程和数据收集过程，发现可能存在的问题并进行改进。

提示

内部效度代表自变量与因变量之间因果关系的确定程度，表明实验处理是否造成了明显的差异。

2．影响内部效度的因素

（1）顺序效应

顺序效应是指实验处理出现的先后次序对被试者反应的影响，如疲劳或练习等因素会导致被试者的敏感度和经验产生变化等。在操作任务指标作为因变量的实验中，先呈现的任务能够让用户学习和熟悉相关的操作过程，从而在接下来的操作任务中获得更高的成绩。特别是在包括前后测的实验中，如果前测和后测的测量工作相同，在实验处理前的测量会让被试者有所练习和准备，导致后测的结果不能真实反映实验处理的效果。消除实验中顺序效应的关键是通过严格的随机化和匹配程序平衡被试者分组和实验刺激呈现的顺序。

（2）被试者差异

实验分组如果没有严格的随机化和平衡程序，被试者之间的差异（包括性别、年龄、经验等）会影响他们的反应。例如，被试者已有的使用经验会在很大程度上影响操作和用户体验，游戏的资深玩家对很多功能可以直接上手，但是新手玩家需要经很多指导后才能开始游戏。而且，被试者的背景特征不同，对产品的感受和体验也不一样，如男性玩家和女性玩家对游戏的美术风格往往有不一样的要求。在招募被试者和实验分组时，要平衡不同经验、不同性别、不同年龄的用户，保证实验组和控制组都不会偏重于某种类型的玩家。

（3）实验过程一致性程度

在实验过程中，特别是实验的时间跨度过长，先完成实验的被试者可能会将实验过程透露给其他被试者，从而让新被试者对实验提前有所了解和准备，导致实验结果不准确。实验进行时，因为种种原因，原来的被试者也可能中途退出或更换，这就造成样本量不够或实验组和控制组的不均衡而无法对比分析结果。被试者在实验过程中因为练习、心理或生理的成长而发生变化，也会影响对实验结果的最终观测。例如，研究手机App对学生学习成绩的影响，就可能受到实验期间学生心智发展等因素的影响。

注意

实验被试者中途流失或被更换，会影响到实验组和对照组结果的比较，降低内部效度。

10.4.2 外部效度

1. 什么是外部效度

外部效度是实验结果的代表性程度，即研究结果多大程度上可以概括和推广到其他类似的情境中。实验研究是在特定的情境中进行的，研究程序、被试者和测量工具都是人为限定的，外部效度是实验结果在脱离研究情境后的可普及程度。如果实验中发现自变量与因变量之间的关系同样适用于其他情境和用户群，实验就有很高的外部效度；如果实验结果只局限在特定条件下，所观测的用户反应和人们日常生活中的行为有很大区别，实验的外部效度就较低。

实验的内部效度是外部效度的必要条件和前提，如果实验本身就存在问题，缺乏内部效度，其结论当然无法推广到其他情境中。但内部效度并不是外部效度的充分条件，内部效度高的实验未必就有高的外部效度，结果不一定能普及实验环境外。

2. 影响外部效度的因素

（1）实验环境的人为性

研究情境与实际情境的相似程度直接关系实验的外部效度，实验情境的人为性越高，实验效果越不可能推广到没有处在实验环境中的用户。提高实验环境模拟现实情境的程度，才能增强结果的实用性和推广性，获得更具有普遍意义的实验结论。

（2）样本代表性

样本代表性是指实验所抽取的被试者在多大程度上可以代表所研究对象的总体，会影响到研究结果对总体的普遍意义。外部效度的目标是让研究结论适用于更大的人群，因此做好被试者取样、选择有代表性的参加者是提高外部效度的关键环节。

（3）测量工具的局限性

自变量与因变量所用的测量方式会影响外部效度，特别是测量工具的效度如何、是否测量到了想要测量的指标。针对同样的测量目标，使用不同的测量工具来收集数据，所得到的结果也会有所差异。

10.4.3 影响实验效度的常见效应

1. 实验者效应

实验者效应又称期待效应、皮格马利翁效应或罗森塔尔效应，是指在实验中实验者的态度、举止或期望会有意或无意地影响被试者的反应，导致实验结果出现偏差。在实验中，实验者的指引或暗示都可能影响被试者的选择和反应，包括语气、表情和动作等，导致他们做出实验者所期待和喜欢的回答。

为了控制实验者效应，研究人员在实验过程中必须保持中立和客观的态度，不能表现出任何明显的倾向性，例如，给被试者介绍要呈现的产品方案时不能有所偏重。同时，实验者对被试者的操作和表现不给出任何评价，强调这只是测试对产品的体验，不评判反应的对错。对于被试者的操作失误，也不可以当场指出，而是记录发生的问题，分析导致错误的原因。

在实验设计中，采用双盲实验是减少实验者效应的一种有效措施。在双盲实验中，被试者和实验者都不知道谁是实验组、谁是对照组。只有在实验结束后，实验者才知道哪些参与者是实验对象，从而避免了可能出现的实验者偏见或暗示对实验效果的影响。

小例子

罗森塔尔的教学实验

1968年，美国心理学家罗森塔尔在一所小学里进行了一次测验，然后列出一份“最有发展前途的学生名单”给了学校。一段时间后，这份名单上的那些学生果然成绩有了显著的提高，而且也变得更有自信心、更有求知欲。但实际上，名单上的学生是随机选出的，根本没有参考这个测验的成绩。罗森塔尔的实验揭示了期待效应，如果老师对学生的期望加强，学生的表现也会相应提高。在这个实验中，这份名单对学生来说是保密的，没有人曾告知他们是“最有发展前途的学生”，而是老师们潜移默化的情绪和态度影响了他们。

2. 霍桑效应

霍桑效应是指实验中的被试者知道自己成为被观察和关注的对象时会改变自己行为和言语表达的效应。被试者意识到自己是来参加实验，而不是在平常的生活和工作中，这本身就可能导致他们的动机或态度发生改变，即使没有实验处理因变量也会受到影响。例如，被邀参加手机界面实验的用户因为新奇感和表现欲，往往会有比平时更高的参与动机和更好的完成任务效率。霍桑效应会导致实验结果的偏差，测量的因变量变化根本不是自变量操纵所导致的，从而影响整个实验效度。

要控制实验中的霍桑效应，最有效的方法是在被试者完全不知情的情况下执行实验，但在实际操作中做到这一点非常困难，特别是还涉及被试者的知情权等伦理问题。可行的方案一般是加强被试者选择和分组的平衡，在他们的参与动机、相关经验和焦虑水平等特征上进行随机化和匹配组的设计，从而在实验组与控制组之间抵消可能存在的霍桑效应。在实验的指导语中，也向被试者强调不要太关注实验本身，尽量按照平常的心态和表现来参加实验。

小例子

霍桑实验

美国哈佛大学的一位心理学家在芝加哥霍桑工厂进行了一项著名的实验，研究目的是探索工作条件与生产效率之间的关系，包括照明强度、湿度、休息间隔、团队压力、工作时间等。实验揭示了工人不只受金钱刺激，个人的态度和社会关系在决定其行为方面也起了重要作用。霍桑实验第一次把工业生产中的人际关系问题提到了首要地位，指出要调动工人的生产积极性，还必须从社会、心理等方面去努力。

3. 安慰剂效应

安慰剂效应起源于药物实验，是指对于无效的药物或治疗手段，病人自己相信它有效果，从而真的让疾病症状有所减轻。在实验中，安慰剂效应导致空白或无效的实验刺激让被试者相信具有某种效果，从而按照所相信的效果表现出相应的反应或行为。例如，在一项关于创造力的实验中，告诉实验组闻一种给定的气味能够提高创造力，结果他们闻了这种气味后在创造力测试中果然得到了更高的分数。但实际上，实验中的对照组也闻了这种气味，只是没有告诉他们闻这个有什么作用，对照组的创造力测试得分就低于实验组。安慰剂效应本质上是一种自我暗示行为，是被试者对实验刺激的期望和信念产生的作用。

实验者必须尽量排除安慰剂效应，才能确定哪些结果真的是实验处理造成的，哪些只是被试者期待造成的偏差。双盲实验是一种常见的对策，即让实验者和被试者都不知道实验目的，从而避免了可能存在的期待。在实验的指导语中，也不要对实验的处理物做任何评价，如“这个产品还不成形，很多功能还不完善”等。还有一种途径是平衡被试者的期待，通过实验前的测量和匹配分组，让实验组和对照组被试者的期待水平相同。

10.5 练习题

针对华为手机系统的应用市场和苹果手机系统的App Store，设计和执行一个用户实验，研究它们的用户体验，特别是在可用性方面。组建一个至少2人的研究队伍，提出实验假设，设计实验方案，定义实验的自变量和因变量，选择合适的测量工具，执行实验方案，收集和分析数据，撰写和提交实验报告。可以从同学和朋友中招募被试者，注意性别、年龄和使用经验方面的平衡。

知识要点提示：

- 如何提出实验假设；
- 如何抽取样本和分组；
- 如何定义实验的自变量和因变量；
- 如何测量因变量；
- 如何控制实验中的控制变量和消除偏差；
- 如何分析数据和撰写实验报告。

第11章 心理生理测量

心理生理学通过研究和测量身体的生理信号，深入理解个体背后的认知过程和心理状态。心理生理测量是用户体验研究和分析的一种新技术，可以有效测量使用产品过程中的情绪唤醒和认知负荷情况。本章介绍了心理生理测量的理论基础和常用技术，包括皮肤电测量、面部肌肉分析、心电测量、眼动追踪和脑电测量等；对每种方法都描述了它们在数字媒体用户体验分析中的应用。

学习目标：

- 理解心理生理测量的理论基础
- 掌握心理生理测量的常用技术
- 了解提高心理生理测量效果的方法

11.1 情绪的生理基础

11.1.1 情绪理论

产品会激发用户一系列的心理和生理反应，影响人体的自主神经系统，触发各种化学物质的分泌，最终形成不同的情绪。关于情绪理论，一般按照类别理论和维度理论两种方法将情绪划分成不同的种类。

1. 情绪的类别理论

情绪的类别理论根据临床特征划分情绪，包括面部表情和身体反应等，如愤怒时身体发抖、害羞时脸部发红等。我国古代就有七情的说法，即7种基本情绪，包括喜、怒、哀、乐、爱、恶、欲。美国著名心理学家保罗•艾克曼指出面部表情有跨文化的一致性，按照不同表情把情绪分成快乐、悲伤、愤怒、厌恶、惊讶、兴趣、蔑视7种基本情绪。其他更复杂的情绪可以由这些基本情绪来组成，如失望的情绪可以混合惊讶和悲伤。

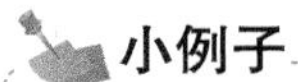

小例子

基本情绪的跨文化一致性

保罗•艾克曼研究了西方人和新几内亚原始部落居民的面部表情，要求被试者辨认各种面部表情的图片，并且要用面部表情来传达自己所认定的情绪状态，结果发现表示愤怒、厌恶、欢乐、悲伤和惊讶等基本情绪的表情在不同文化中都是一致的。艾克曼根据人脸的解剖学特点，对脸部肌肉群运动及其对表情的控制作用做了深入研究，开发了面部动作编码系统来描述面部表情。

2．情绪的维度理论

情绪的维度理论认为大部分情绪本质都是一样的，只是在某种固有性质的程度上有所差异，它们都可以分布在一个两维的空间中。美国心理学家罗伯特•普拉切克提出了情绪的三维模型，根据强度、相似性和两极性3个维度划分了8种基本情绪，包括愤怒、恐惧、悲伤、厌恶、惊讶、期待、接受和高兴。心理学家詹姆斯•罗素将唤醒强度和愉快程度作为两个维度来定义情绪，如图11-1所示，如愉快和高唤醒强度是兴奋的情绪。

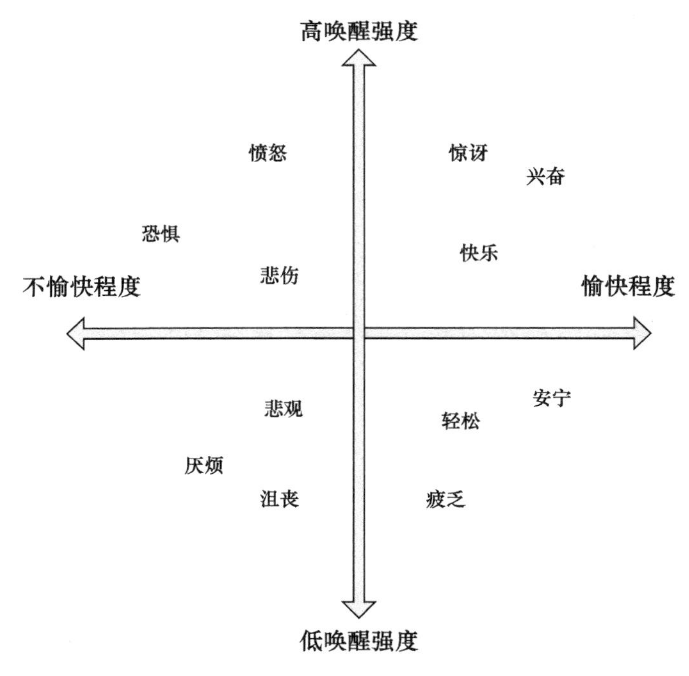

图11-1 情绪的维度理论

3. 情绪的生理基础

每一次情绪的发生都是中枢神经系统各级水平、躯体神经系统、内分泌系统整合的结果。情绪包括主观体验（如感到快乐）、生理唤醒（如心跳加快）和外部行为（如微笑）三方面的表现。生理反应可以看成情绪活动的一种客观指标，每种情绪都有自己特有的生理反应特征，例如，愉快时心跳节律正常，恐惧或暴怒时心跳加速。个体可以报告自己的主观体验，外部的观察者可以看到面部表情，但生理唤醒大多是隐藏的，需要特定的仪器才可以测量到。通过对情绪反应中生理数据（包括脑电、皮肤电和心率等）的测量，研究人员可以识别和区分不同的情绪。

提示

生理唤醒是指情绪产生的生理反应，它涉及中枢神经系统及外周神经系统和内、外分泌腺等，不同情绪的生理反应模式是不一样的。心理生理学通过研究身体反应的信号分析背后的心理过程，如识别不同的情绪。

11.1.2 数字媒体中的情绪反应

情绪对人来说至关重要，定义了人与周围世界的联系方式，以及人如何体验所遇到的事物、事件和其状态。情绪总是超越判断向人快速提供有关世界的即时信息。人也被称为情感生物，复杂的情绪系统驱动人采取行动。情绪在理解注意、记忆和美学中的现象方面起着关键作用。用户体验和人机交互研究的理论基础来自心理学的认知科学和人因工程研究，以及相关的工程学和计算机科学领域。过去几十年对人类认知的研究已经取得了长足的进步，但对产品中情绪的理解仍然不充分，特别是当设计以挑战和娱乐用户为目的的产品时，如数字游戏。

数字媒体中的虚拟象征物（虚拟物品）和规则限定的用户行为（虚拟行为）共同组成了一套虚拟象征情境。用户与数字媒体的交互在大脑中创造出一种真实的形象，大脑和身体实际上无法区别这些刺激是来自真实生活还是来自虚拟的数字世界。用户的每个决定和行为都取决于数字媒体内容与对自身体验的解释之间的相互关系。经过大脑对数字媒体内容的解释，情绪在产品使用过程中被激发，并且引起一系列生理反应，从而让我们可以测量这些具有生理数据的情绪，深入研究数字媒体的体验。

心理生理测量通过测量身体信号即个体的生理反应，来了解心理过程与身体反应之间的联系。通过研究身体信号，可以了解当时用户的行为和思想，确定神经系统活动和行为之间的关系。这使心理生理学成为评估数字媒体中的情绪或认知负荷的有用工具。

小例子

数字游戏中的4大情绪类型

XEODesign创始人妮可•拉扎罗指出，数字游戏能够激发强烈的情绪反应，她用摄像机记录玩家玩游戏时的面部表情，对游戏中的情绪进行分析。拉扎罗将游戏激发的情绪分成4种不同类型：源自困难趣味的情绪，包括富有意义的挑战、策略和谜题，如愤怒、沮丧等的刺激情绪；源自简单趣味的情绪，这些是探索体验而不是挑战激发玩家形成的某种情绪状态；源自状态变更的情绪，包括认知、思想和情感的变化，如借助游戏放松或者逃避现实；源自他人的情绪，包括竞争、合作、展露和引人注意，如交友、竞争和为好友成就感到自豪。

11.2 心理生理测量的常用技术

11.2.1 典型案例：皮肤电反应测量用户对视频广告的反应

学习目的：了解心理生理测量的过程。

重点难点：如何解释收集的数据。

步骤解析：

1．提出研究问题

用户观看视频广告时关注的内容是什么、兴奋点在哪里。

2．实施测量方案

招募了15名被试者参加实验，包括7名女性和8名男性。皮肤电测量前，先通过问卷收集了他们的背景信息和平时观看广告的习惯。然后，被试者被要求坐在椅子上，两根手指上连接了皮肤电电极，先放松两分钟。接着，被试者通过屏幕观看一段关于汽车的视频广告，同时收集实验期间他们皮肤电反应的数据。皮肤电测量结束后，安排一次事后访谈，询问他们观看视频广告时的感受。

3．数据结果

通过对皮肤电反应的数据分析发现，不同性别的被试者在观看视频广告时的兴奋点不同，男性看到广告中的女性形象时唤醒水平最高，女性看到广告中的危险事件时唤醒水平最高。随后的用户访谈验证了这个发现，不同性别的被试者确实对广告内容会有不同的反应。

案例总结：心理生理测量提供了对用户反应的客观、实时测量，但其数据往往只解决发生了什么而不是为什么，需要结合传统的定性研究才能进一步解释数据。

心理生理测量技术主要包括皮肤电反应测量、面部肌电测量、心电反应测量、眼动追踪和脑电测量。不同的测量设备有不同的优势和劣势，要根据研究目的和研究对象选择合适的测量手段。

11.2.2 皮肤电反应测量

1. 皮肤电反应测量的原理

皮肤电反应测量的是皮肤的导电性变化，皮肤上特定的汗腺（内分泌腺）会导致导电率的不同从而引发皮肤电反应。例如，很多人紧张时会手掌出汗，变得湿冷。而通过皮肤电仪器的测量，被试者没有达到出汗的程度就可以从数据上看出明显的变化，因为汗液在特定腺体中上升时皮肤表面的电阻会变化。

皮肤电反应用连接在两个手指或脚趾上的电极来记录皮肤表面电阻的变化，在情绪唤醒时汗水增加会导致皮肤表面的电阻下降、电流增加，表明被测量者处于压力增大或焦虑中。皮肤电反应有良好的灵敏度，能方便地用来测量玩家玩游戏时的不同情绪，如恐惧、气愤和震惊都会有显著的皮肤电变化，如图 11-2 所示。

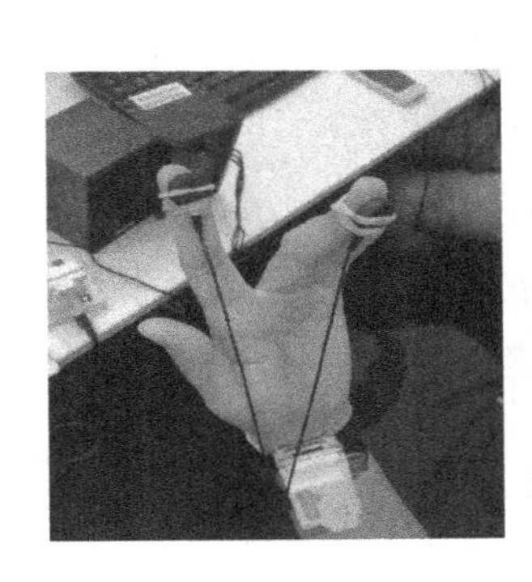

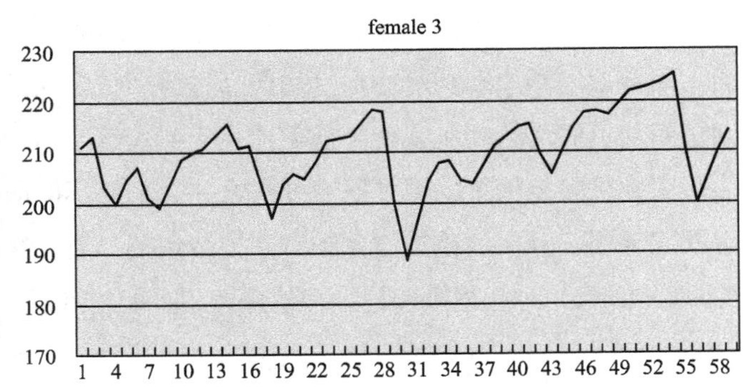

图 11-2　皮肤电反应测量和数据示例

经验

心理生理测量的优势在于可以记录到那些连被试者自己可能都没有意识到的情绪和身体信号。

2．皮肤电测量在数字媒体用户体验分析中的应用

皮肤电反应与情绪唤醒水平相关，是用户情绪唤起和认知投入的有效指标，是简单易行、应用较多的一种心理生理测量手段。皮肤电反应在用户研究中有广泛的应用，如测谎仪或测量对当前活动的兴趣水平等，适合定位让用户兴奋或压力增大的事件。但是，皮肤电设备所处环境的温度和湿度变化对数据有很大影响，导致每次测量可能得到不同的结果。另外，被试者的内在因素，无论是生理上的还是心理上的，都可能带来记录偏差。单独的皮肤电反应数据本身，还不足以识别所测量的情绪，皮肤导电率能很好地用于衡量情绪唤醒（从平静到兴奋），但无法划分情绪状态（从负到正）。例如，兴奋和愤怒的情绪都会导致皮肤电反应的升高。因此，通常将皮肤电反应技术与其他情绪测量手段结合使用，如通过面部肌肉分析来识别正面或负面的情绪。表11-1归纳了皮肤电反应测量的优缺点。

表 11-1　皮肤电反应测量的优缺点

优点	缺点	优点	缺点
设备便宜	信号噪声多	结果易于解释	数据波动大
方便测量	个体差异大	只在皮肤表面，非侵入性	数据延迟时间长

11.2.3 面部肌电测量

1．面部肌电测量的原理

肌电图通过附着在肌肉表面的电极测量肌肉活动是否活跃，可以感应到细微的肌肉激活。面部肌电图用于测量用户使用产品过程中特定面部肌肉的激活，特别是负责显示正面情绪和负面情绪的肌肉。面部表情是人类表达情绪的最富有表现力的方式，因此面部表情识别是确定情绪的重要研究方法之一。面部不同部位的肌肉活动有不同的表情作用。面部常用于分析的肌肉位置和对应情绪包括：眉（皱眉肌）对应消极情绪（不愉快），面颊（颧肌）对应积极的情绪（愉快），眼周（轮匝肌）对应快乐和兴奋的情绪。

提示

脸部肌肉、眼部肌肉和口部肌肉的变化表现出各种情绪状态，构成了通常所称的面部表情。面部肌电测量追踪产生如微笑或皱眉等面部表情的肌肉，从而分析用户在实验过程中的情绪状态。

2．面部肌电测量在数字媒体用户体验分析中的应用

与视频编码技术相比，对面部肌肉分析的好处是自动化、客观（无观察者偏差）、

灵敏（精确到毫秒），对面部肌肉的分析也可以记录那些在直接观察中容易被忽略的细微情绪。但是，面部肌电测量很容易受到噪声的干扰，这些噪声既有技术上的原因（如电极和皮肤之间的接触不良），也有外部的肌肉活动干扰（如说话和头部活动）。另外，安置在被试者面部的传感器也可能让他们感到难受和不方便，而且在整个测量过程中还不能说任何话。表 11-2 归纳了面部肌电测量的优缺点。

表 11-2　面部肌电测量的优缺点

优点	缺点	优点	缺点
精确的时间分辨度	肌肉活动和动作造成干扰	信号易于分析	很难控制噪声
测量情绪的简便方法	数据需要过滤	比视频的面部表情识别更精确	成本较高
客观的定量数据	电极安装在面部		

注意

安置在被试者面部的传感器可能会限制他们面部的自然动作，他们可能产生不自然的面部活动反应。

11.2.4　心电反应测量

1．心电反应测量的原理

心电反应测量与心脏相关，主要是观察心脏的节律和节律变化，它通过胸部的电极测量心电图、心率、心跳间隔和心率变异性。心率是单位时间（如一分钟）内的心跳次数；心率变异性是在气愤、恐惧、激动等情绪下的心率增加或减少的情况；心跳间隔是介于两次心跳之间的时间，随着情绪唤起导致心跳次数增加（心率增加），介于这些心跳的时间间隔也变短。Power Labs 公司心电反应测量设备如图 11-3 所示。

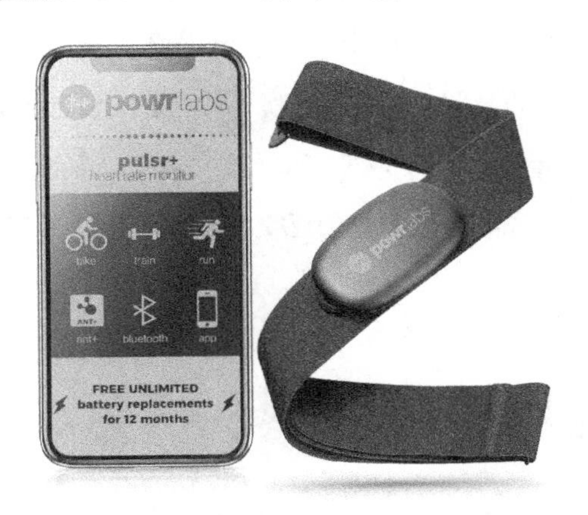

图 11-3　Power Labs 公司心电反应测量设备

技巧

心理生理测量过程中，不需要被试者停下来报告数据就能够将被试者的身体信号连续不断地自动记录下来。

2. 心电反应测量在数字媒体用户体验分析中的应用

心电反应测量的一个优势在于仅凭肉眼就能看到数据的变化，例如，用户心率增加意味着感到兴奋。它特别适合监测即时反应、识别兴奋点，还能作为测量被试者认知负荷的指标使用。但是心电反应测量容易受到人为干扰，并且其测量数据源也相当复杂且难以计算，例如，记录心跳间隔时还需要记录心率变化来补充说明数据。另外，在操作初期，心率可能随着情绪唤醒而不断增强，但经过一段时间的情绪激动或者工作后，心率会逐渐降低且心跳间隔增加，这些都可能会影响测量数据的准确性。测量中也要注意个体差异，因为某些人可能有特别高或低的心率甚至不规律的心率。被试者的动作也可能影响数据，例如，用户的深呼吸或者打呵欠都会让心率增加。表11-3归纳了心电反应测量的优缺点。

表 11-3　心电反应测量的优缺点

优点	缺点	优点	缺点
心跳容易测量	侵入式的电极	测量过程规范和有效	数据分析复杂
设备价格便宜	受到多种因素的影响		

小例子

利用心电反应测量观看电影时的无意识反应

荷兰埃因霍芬理工大学的研究人员使用心电反应测量了用户在观看电影过程中的无意识反应。实验中，要求被试者观看包括8个无意识原型形象的电影片段，如《英雄的归来》《导师》《阴影》等。在被试者观看电影时，收集了他们的心电反应、皮肤电反应、温度和呼吸活动的数据。结果发现，心理生理数据可以有效地区分用户观看不同原型的身体反应，准确率达到了79.5%。图11-4所示的是观看《黑天鹅》（2010）、《沉默的羔羊》（1991）和《勇敢的心》（1995）电影片段时不同的心电反应数据。

11.2.5 眼动追踪

1. 眼动追踪的原理

眼动追踪是指使用眼动仪对用户执行操作任务时眼睛的运动轨迹进行记录，从而分析用户背后的认知过程和心理活动。眼球跟踪（Eye Tracking）能够记录用户操作过程中在看什么及他们的眼球运动有多快，常用的方法是使用摄像眼球跟踪系统。眼电图记录根据眼球方向改变的网膜的静息电位，用于捕捉用户眼球的位置，所使用的电极不会影响被试者的视野。眼动仪记录人的视线的扫视（移动）和注视（停留时间），借助于眼睛注视和注意力之间的关系，研究人员能够推断和可视化用户的认知和注意过程。作为记录和分析用户眼睛注视轨迹的研究工具，眼动仪在用户体验分析中得到了越来越多的应用。

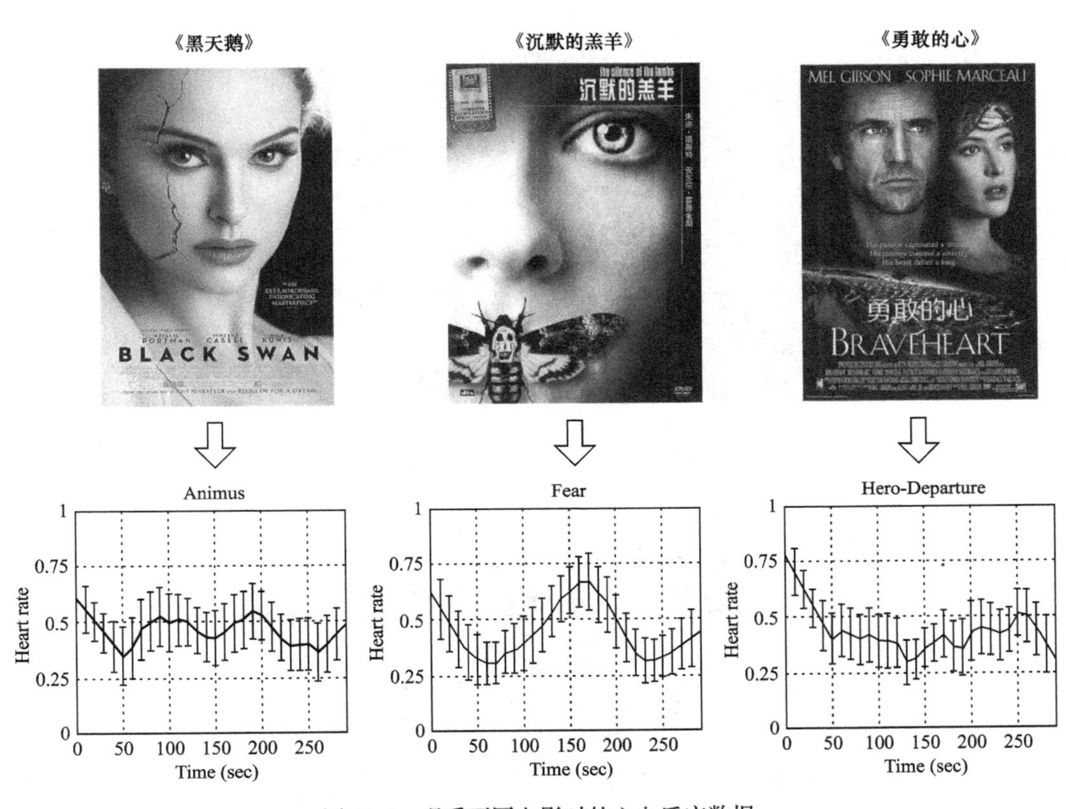

图 11-4 观看不同电影时的心电反应数据

EyeSo公司眼动仪如图11-5所示。眼动追踪使用眼动仪作为一个采集数据的工具，先让被试者戴上设备，然后让他完成安排的特定任务，如浏览或者选择一款产品，同时采集眼动的数据。通过眼动测量，可以了解用户的整个操作流程，如用户关注的内容、观看的次数、最后跳转的位置、在跳转中花费的时间、最后产生的决策等。在用户做眼动测量时，研究人员不要打断他们，保证还原一个最真实的用户体验。应尽量采集用户在自然状态下如何使用产品，例如，如何和产品交互，在这些交互过程中是否使用其他工具。

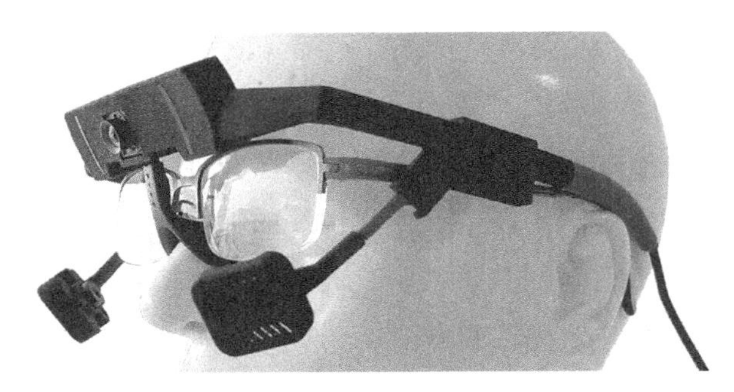

图 11-5　EyeSo 公司眼动仪

使用眼动仪能完整记录用户的浏览轨迹，眼动数据提供了一系列关于用户关注和浏览习惯的指标。

① 关注次数。用户注视目标的总次数，表明是否能搜索和关注到目标内容。

② 平均注视停留时间。用户在目标内容上眼睛停留的时间，反映是否能快速提取信息，停留时间过长表示提供的信息难以理解。

③ 注视轨迹。用户注视过程中眼睛运动的轨迹，代表整体布局是否合理，重点内容应分布在用户的关注点上。

眼动数据常用热点图的形式呈现产品或界面被用户浏览的过程。Tobii公司对用户注视热点图的分析中，形状中心暗的区域表示注视的时间较长，形状边缘浅色的区域表示注视的时间较短，如图 11-6 所示。

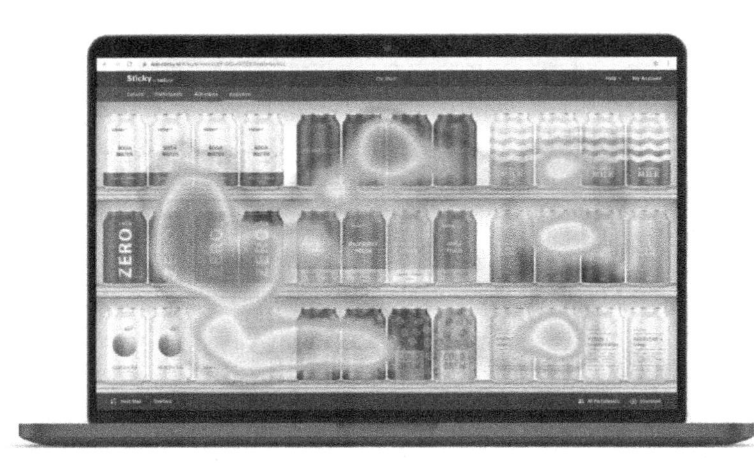

图 11-6　Tobii 公司对用户注视热点图的分析

注意

眼动测量能够用于分析用户在看哪里、看了多久，但是注视不代表“注意力”，可能是这些内容引起了用户的兴趣，也可能是他们在这里遇到了困惑。

2．眼动测量在数字媒体用户体验分析中的应用

视觉感知是用户与产品交互的重要组成部分，眼动测量可以记录和分析其中的重要过程。通过眼动测量能够了解用户与产品交互时注视什么，以及用户最后的行为是什么。眼动测量通过分析用户的浏览过程，研究他们的注意力和行为之间的关系，探讨背后的消费者决策过程。眼动仪用于采集用户的注视点在哪里、如何变化，已经广泛应用在用户体验分析特别是交互设计研究中。

眼动测量的数据，特别是眼动轨迹图，如图 11-7 所示，可以帮助分析用户的浏览习惯和注视规律，来评估和优化产品的设计。眼动数据来自用户的实际操作，可以用于对产品的布局和外观进行客观评估，提供设计是否合理的参考，如用户停留和关注点分析等。

图 11-7　眼动轨迹图（引自 iMotions 公司网站）

眼动测量可以用来研究用户在与产品的交互过程中的视觉和行为，以及最后的决策。例如，网页如何布局和设置能够更容易吸引用户，因为一个人在网页上通常只会停留 2～3 秒就会决定是否继续浏览，所以如何以最快的速度、最有效的方式去抓住用户的注意力非常关键。眼动测量还可以用来分析用户的感受和体验，特别是那些自己无法表达的部分，例如，数字媒体内容对于用户的视觉刺激及情绪的影响有多大。表 11-4 归纳了眼动追踪的优缺点。

表 11-4　眼动追踪的优缺点

优点	缺点
无创，非侵入式	测量过程易受到干扰，如眼睛干涩
设备操作方便，易于安装和携带	有些用户无法测量，像视力受损的人
应用范围广	头部的运动会影响精确度
有规范的流程，认可度高	数据分析复杂

眼动测量属于定量研究，它只是提供了“发生了什么”，不能解释“为什么”。因此，眼动数据的意义不是单一的，需要配合其他定性研究方法，如事后的跟踪访谈或回溯测试去佐证，才能进一步地深入揭示眼动数据，判断用户的真实体验。

小例子

眼动控制的用户交互

Tobii是一家瑞典公司，总部设在斯德哥尔摩，现在是全球著名的眼动仪生产和销售企业之一。其中的一个部门Tobii dynavox专门开发眼动技术在医疗方面的应用，例如，帮助渐冻人、自闭症患者或者高位截瘫患者用眼睛来控制仪器实现与普通人交流。Tobii的另一个部门Tobii tech则开发了眼动技术控制的游戏设备让玩家直接用眼睛控制来玩游戏，如射击游戏。

11.2.6 脑电测量

1. 脑电测量的原理

脑电图是通过在用户的头皮上放置一系列电极来测量的大脑产生的电位变化，这些头皮上的电位变化往往是由大脑中的神经元放电所引起的。脑电图的时间分辨率非常高，可以做到毫秒级。对用户的情绪和认知过程，实时的脑电数据提供了有效的测量。

电极的位置和对齐方式有一套标准化的规格，然后通过脑电帽连接到计算机上的采集软件。脑电图的电极需要直接应用于被试者的头部皮肤表面，头发过多时会让附着力降低。早期脑电图测试的主要不便之处就是放置电极与凝胶非常耗费时间，被试者实验后还要专门洗去凝胶，如图11-8中的导电凝胶注射。现在许多设备已经使用干燥的电极，方便快捷，在头部提供舒适的贴合，将被试者的不适感降到最低。

脑电图用于记录与大脑活动有关的头部电活动，通常通过使用脑电数据的振幅和频率来区分大脑活动。振幅描述了信号的大小，频率是指信号周期变化的速度。这些不同的波段代表用户所处的心理状态。不同的脑电波段与特定的心理状态相关，如表11-5所示。

图 11-8　导电凝胶注射

表 11-5　脑电波段对应的心理状态

波段	心理状态
Delta（1 ~ 4 Hz）	深度睡眠和无意识过程，如疲劳或发呆
Theta（4 ~ 8 Hz）	白日梦、创造力、直觉、回忆记忆、情感和感觉
Alpha（8 ~ 14 Hz）	大脑皮质缺乏活动、精神闲置、放松等
Beta（14 ~ 30 Hz）	额叶皮层和认知过程、决策、问题解决和信息处理

我们可以根据脑电活动的频率来评估用户体验和状态。如果发现用户的Beta波增加，表明产品内容对他们很有吸引力，他们正高度关注操作任务。脑电数据通常比较复杂，要通过专业的脑电数据分析工具，如EEGlab，再使用傅里叶变换等把数据转换成不同的波段。

技巧

脑电设备的干电极不再需要凝胶，只要让被试者戴上电极帽和头带就可以开始测量。

2. 脑电测量在数字媒体用户体验中的应用

脑电图用于测量用户情绪和认知状态，如注意力、参与度、无聊、冥想、沮丧或长期和短期的兴奋。脑电研究越来越多地用来了解用户的真实想法，特别是与具体任务相关的心理状态，包括情绪、注意力和记忆等。图11-9所示为玩家玩游戏的实时脑电数据。

① 情绪测量。大脑的左右前额叶分别对应积极情绪和消极情绪，通过分析这两者的脑电数据，可以测量产品激发了用户的是积极情绪还是消极情绪。

② 注意力测量。大脑的左右顶叶是控制注意分配的脑区，这部分脑电数据代表产品是否激发了用户足够的关注。

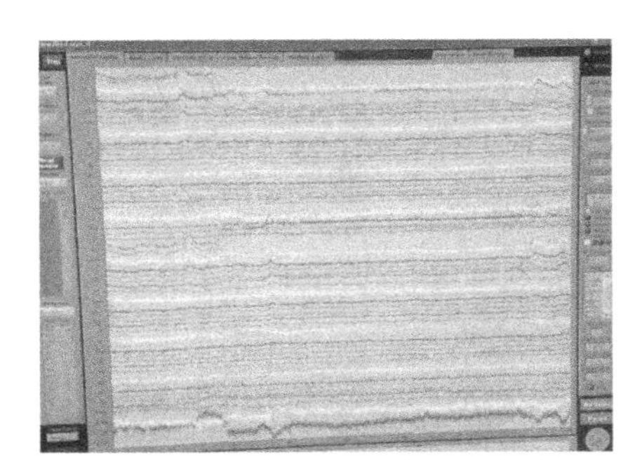

图 11-9　玩家玩游戏的实时脑电数据

③ 记忆测量。大脑的颞叶负责记忆、编码和回忆信息，通过这个部位的脑电数据，能够了解用户是否能够记住产品的相关信息。

脑电图是研究用户大脑活动的最简单有效的工具之一，它不像高分辨率的PET（正电子扫描）或者fMRI（功能磁共振成像）那样需要庞大又昂贵的机器设备。但是相比于其他的生理物理测量方法，脑电图还是显得较昂贵。脑电图设备的安装和使用也花费时间。表11-6归纳了脑电图的优缺点。

表 11-6　脑电图的优缺点

优点	缺点	优点	缺点
出色的时间分辨率	较低的位置分辨率	客观的定量数据	身体移动造成的噪声
认知过程的深入分析	设备安装不方便	数据方便进行对比分析	结果不容易解释

此外，正如其他测量法一样，脑电图在一定程度上也易受人为干扰，如用户动作太大或者讲话（讲话会影响大脑的语言区）。解读脑电数据结果也比较复杂，如用户Alpha波的增加，可能是任务比较轻松、受测者心情愉悦，但也可能是内容太无聊、彼时感到厌倦。同样地，Beta波活动增加可能是产品吸引了用户，也可能是他们正想起自己生活中的烦心事。脑电图作为定量研究工具，常常还需要结合其他定性分析才能更准确地解释数据。特别是当涉及肢体运动时，使用脑电图很难甚至无法测量到准确的数据，因为用户的动作可能会导致电极在头上的位置移动。因此，很多动作感强的数字游戏不适合使用脑电图测量，如Wii上的运动游戏。

11.3　心理生理测量的优势和局限

11.3.1　心理生理测量的优势

心理生理测量的结果不会受到被试者的回答方式、参与动机和问卷题目措辞等干扰，也不容易被研究人员的偏见影响。心理生理测量对用户体验研究的主要贡献在于可以自动连续地实时记录数据，而不会打断用户的使用过程。它们可以完全自动，还可以连续地记录大量数据。心理生理测量不需要用户停止和再开始操作过程，或者等到一切操作结束才收集数据，这一点超越了众多传统测量法。心理生理测量的另一个优势是心理生理方法的灵敏度，可以测量到人眼无法察觉到的微小反应和变化。它们能探测用户的情绪和反应，这些情绪和反应用户自身可能都还没有意识到，更不用说报告出来了。特别是在用户不能准确地表达为什么不喜欢或喜欢某个产品特点时，生理心理测量法就很有帮助了。

传统的自我报告法用户测试有两大局限：一是数据的主观性，用户的回答完全以自己的主观体验为根据，因此不可能与其他人的回答形成可靠的对比；二是数据不可精确量化，问卷调查的结果能够进行统计分析，可以得出结论如“10个人中有9个人说觉得有趣”，但有趣到什么程度是不可以量化和比较的。心理生理测量结合其他传统方法（如自我报告和问卷）可以极大地提高用户体验的研究深度和精度。

1. 生理心理数据用于补充传统数据

在这类研究中，生理心理测量数据可以当成关于被试者心理状态的额外信息来源。例如，通过心电反应或皮肤电反应发现用户在使用过程中出现兴奋的状态，又得到了使用后从用户访谈中收集到的数据的进一步支持，因此可以肯定地认为这个操作对用户来说是有趣的。

2. 生理数据用于验证传统数据

生理物理测量过程中收集到的数据被对应到用户测试的时间点中，然后用于指导测试后的数据收集，即确认在使用过程中出现的重要时刻和事件。例如，通过心电图数据指导访谈，如“那时你的心跳速度明显加快，你记得当时在想什么吗”。这种方法在确认重要事件方面特别有效，比单纯的观察会发现更多的问题。

在这两种用户测试实验中，生理和物理数据都是有价值的，不仅因为这是关于用户心理状态的额外信息来源，还因为这些记录可用于指导和改进传统方法，以获得比单独使用传统方法的更准确、全面的数据。图 11-10 所示为心理物理测量结合传统数据的方法。

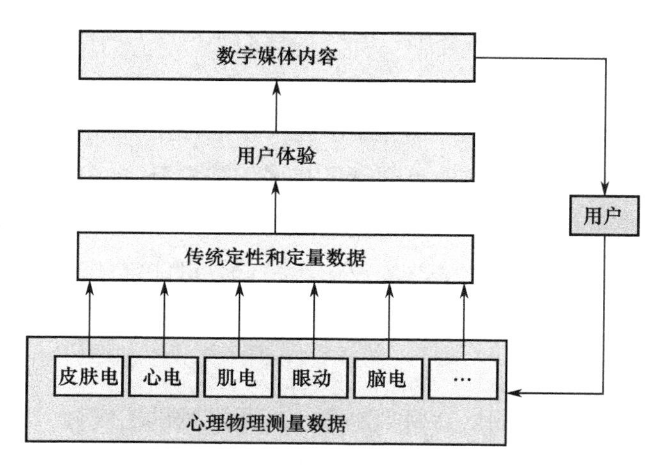

图 11-10　心理物理测量结合传统数据的方法

经验

使用心理物理测量收集到的数据可以当成指导测试后定性分析的材料，如在测试后用于指导随后的用户访谈。

小例子

欧盟FUGA项目脑电波电影测评系统

欧盟的FUGA（Fun of Gaming，游戏的乐趣）项目，研究如何使用最新的生理物理测量技术分析游戏的用户体验，包括脑电、肌电、眼动仪和皮肤电等。项目证明相较于传统的自我报告法，生理物理测量技术可以客观地、无偏差地测量游戏的用户体验；并且整个测量过程可以通过仪器自动进行，不会干扰和中断用户的游戏过程。

11.3.2　心理生理测量的局限

心理生理测量的数据采集设备通常很昂贵，还需要投入大量的时间和精力进行人员培训和设备维护。此外，测试过程中的实验准备和步骤（安装设备、放置电极、测试信号）会比使用问卷等方式耗费更多的时间，对数据的整理和分析也比较复杂。

如果没有严格的实验控制，生理物理测量的数据会有较多误差，且难于解释。在使用产品时，用户的身体仍然处在现实世界中，因此他对产品的特定元素、外部活动、预期或其他未观察到的事物都会做出反应。

因此，对产品的生理反应是一对多的关系，其中一种身体反应可能与许多心理效应或过程有关。例如，当记录用户的生理物理特征数据时，室温、动作、药物、噪声等都可能会影响数据并导致对结果的解释有误差。没有高水平的实验控制，研究人员将很难根据用户的身体反应来解释他们的心理过程。

小例子

身体反应和心理过程的5种关系

- 一对一关系。一个心理过程与一种身体反应直接对应，反之亦然，这种关系可以让研究人员马上识别基于身体反应的心理过程，但现实中几乎不存在。
- 一对多关系。一个心理过程与多种身体反应相对应，此时很难根据身体反应推断心理过程。
- 多对一关系。多个心理过程都与同一种身体反应对应，这也是心理生理测量中最常见的关系，可以让研究人员根据身体反应推论心理过程。
- 多对多关系。多个心理过程都与多种身体反应对应，这种关系无法推论基于身体反应的心理过程。
- 空白关系。心理过程和身体反应没有对应。

11.4 练习题

选择一部动画片，设计和执行一个心理生理测量，收集被试者在观看过程中的感受和体验，特别是激发了哪些情绪。组建一个至少2人的研究队伍，定义研究问题，选择合适的测量方法，设计和执行测量方案，收集和分析数据。

知识要点提示：

- 不同心理生理测量方法的优缺点；
- 心理生理测量的数据与传统研究相结合的方法；
- 如何提高心理生理测量的有效性。

第12章 数据分析和研究报告

用户体验分析过程产生大量的用户数据，数据分析就是对获得的原始数据进行整理和统计，揭示数据背后反映的趋势和现象。研究报告以书面形式总结用户体验分析的过程和结果，列出发现的用户体验问题和相关建议。本章介绍了用户体验分析中数据分析的常用方法和研究报告的写作过程，并进一步说明了如何向产品团队推广研究报告和跟进修改。

学习目标：

- 理解常用的数据分析方法
- 掌握研究报告的写作规范
- 理解如何跟进修改和推广研究结果

12.1 数据分析

12.1.1 典型案例：游戏玩家背景数据分析

学习目的：掌握数据处理流程和常用的数据分析方法。
重点难点：根据数据类型选择合适的分析方法。
步骤解析：

1. 数据过滤

原始数据共包括14000多位用户提交的问卷，首先进行数据处理和过滤，最大程度地保证数据的完整性。在线问卷调查的完成率较低，因为用户作答都是匿名的，用户可能把问卷视为对玩游戏过程的干扰而不耐心填写。其次，排除没有完全填写完毕的问卷，留下了6625份完整作答的用户问卷数据，完整作答率为47.09%。再次，通过比较IP地址，发现了重复提交的问卷并将其排除在外，只有来自同一个IP地址的第一次提交的问卷才会被保留。重复作答的人并不多，这个过程仅排除了73份问卷数据。最后，删除1125份过度使用某一答题选项的问卷，如几乎在所有的题目中都选择3。这样排除了明显乱填的问卷，确保数据来自认真作答的参与者。经过上述的数据处理后，共有5427份问卷保留下来，进入后续的数据分析。

2. 描述统计

58.8%参与者是男性，36.5%年龄介于19～22岁，29.5%拥有学士学位或获得了本科学历。总体而言，28.2%参与者为全日制学生，7.6%从事技术或研究职业，5.9%从事销售职业，5.7%从事生产职业。31.1%没有月收入，23.4%月收入在3001～5000元人民币。

大多数参与者具有丰富的游戏经验，超过40%玩游戏超过4年，2～3年为18.1%、3～4年为16.1%。

3. 相关分析

通过积差相关，分析了收入水平、游戏经验与总体游戏时间的相关程度；通过等级相关，分析了年龄、教育程度与游戏角色等级之间的相关程度。

案例总结：原始数据往往是杂乱和不完整的，需要先进行初步整理来保证数据的完整性，不同的数据类型需要采用不同的分析方法进行分析。

12.1.2 数据分析步骤

1. 数据分析

用户体验调研执行完成后，会收集到大量的问卷数据、文字记录、照片记录、录音记录、影像记录等原始资料。数据分析是对获得的主客观数据进行处理和统计，揭示数据反映的现象，如图12-1所示。数据处理首先要进行筛选和清理，排除那些不符合要求或有明显错误的数据，如作答不完整或者胡乱作答的数据。对定性数据进行分析、整理和归纳，对定量数据则进行描述性统计（Descriptive statistics）或推断性统计

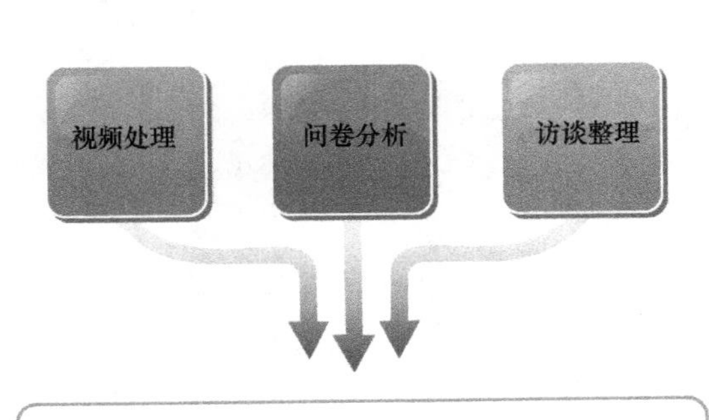

图 12-1　用户体验的数据分析

（Inferential statistics）。

技巧

对数据的缺失值，有时可以用样本的平均值来代替，而不是移除整份数据。

2．常用的数据分析方法

（1）定性数据

定性数据包括类别类数据，如性别和省份（无等级关系）、评价和态度变量（有等级关系），常用的定性数据分析方法有列联表分析和卡方检验。

① 列联表分析。

列联表（Contingency table）分析用于统计两个以上的变量进行交叉分类的频数分布情况，是观测数据按两个或更多属性分类时所列出的频数表。

例如，下面两个问题用于分析不同用户性别对在线交流工具的评价情况。

您的性别是？

A．男　　　　　　B．女

请问您对产品提供的在线交流工具的总体感觉？

1．非常满意　　2．比较满意　　3．一般　　4．不满意　　5．非常不满意

在SPSS统计软件中，可以使用Crosstabs来做列联表分析，操作步骤为选择“Analyze”→“Descriptive Statistics”→“Crosstabs”命令，弹出的“Crosstabs”对话框如图12-2所示。

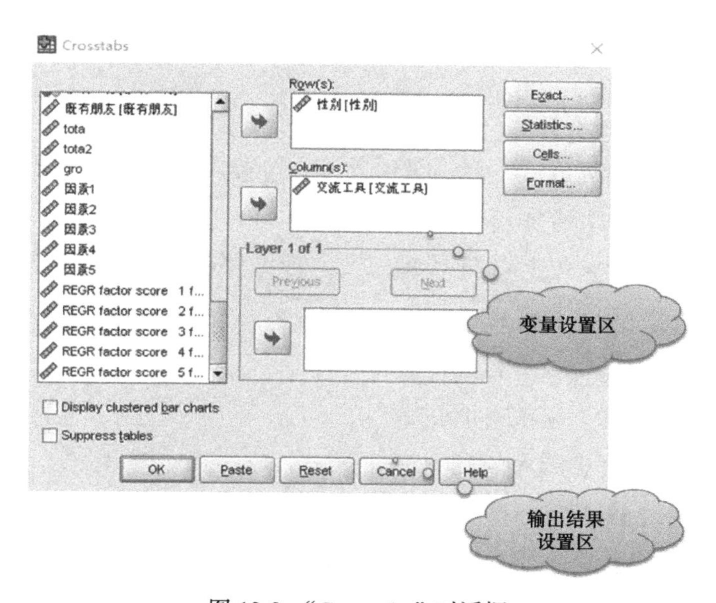

图12-2 “Crosstabs”对话框

使用列联表分析会产生图12-3所示的表格，按照性别类型列出所有用户在每个选项上的评分分布情况。

性别 * 交流工具 Crosstabulation

Count

		交流工具					
		1	2	3	4	5	Total
性别	1	115	281	375	1156	708	2635
	2	27	59	82	209	110	487
Total		142	340	457	1365	818	3122

图 12-3　SPSS 中列联表分析的表格

② 卡方检验。

卡方检验（Chi-square test）常用于分析名义变量资料的假设检验，其根本思想是比较理论频数和实际观察频数的吻合程度，如图12-4所示。

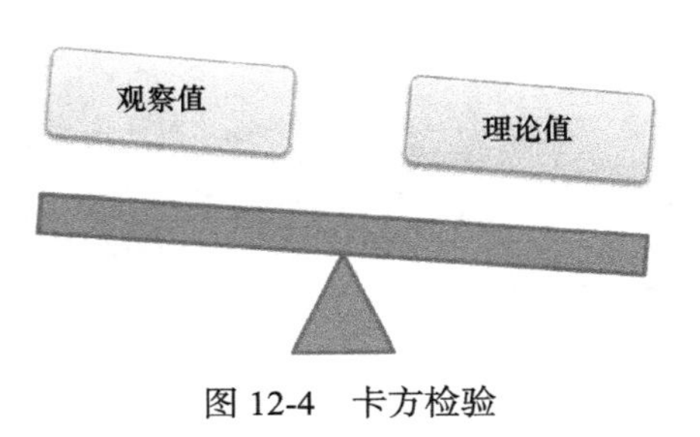

图 12-4　卡方检验

例如，对比不同性别的用户在教育程度上是否有差别，图12-5所示为SPSS中卡方检验的操作。

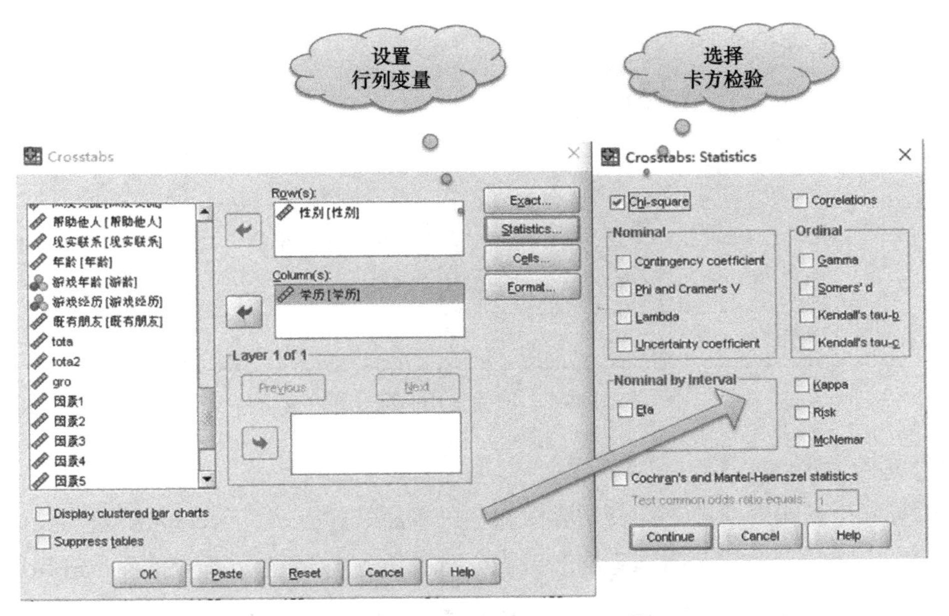

图 12-5　SPSS 中卡方检验的操作

如图12-6所示，卡方检验的值为0.151，大于检验水平0.05，说明用户的教育程度与性别没有显著关联。

Chi-Square Tests

	Value	df	Asymp. Sig. (2-sided)
Pearson Chi-Square	6.735[a]	4	.151
Likelihood Ratio	6.171	4	.187
Linear-by-Linear Association	.441	1	.507
N of Valid Cases	3083		

a. 0 cells (.0%) have expected count less than 5. The minimum expected count is 24.13.

图 12-6　SPSS 中卡方检验的表格

（2）定量数据

① 描述统计。

描述统计用各种统计图表和统计指标来描述观察数据的分布情况，包括频数、百分比、平均值、中位数、方差、最大值和最小值等。例如，产品使用时间分布如图12-7所示。

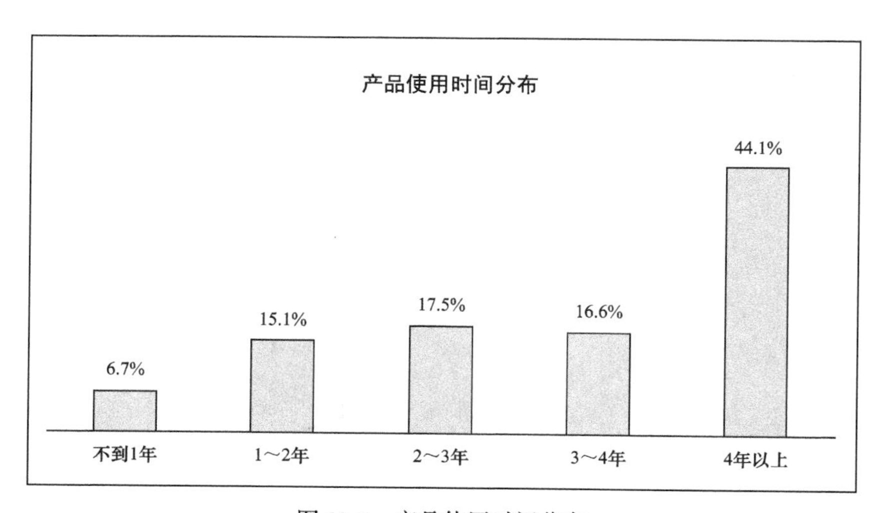

图 12-7　产品使用时间分布

② 相关分析。

相关分析是研究变量之间密切程度的一种常用统计方法。Pearson积差相关研究两个等距变量间线性关系的强弱程度和方向，如销售量与销售价格；Spearman等级相关研究等级变量的关系密切程度，如用户满意度与年龄。一般来说，$-1 \leqslant$ 相关系数 $\leqslant 1$，正负值代表相关的方向。

例如，把用户年龄和对产品的忠诚度两个数据视为等级类型，采用Spearman等级相关分析方法，SPSS 中的操作如图 12-8 所示。

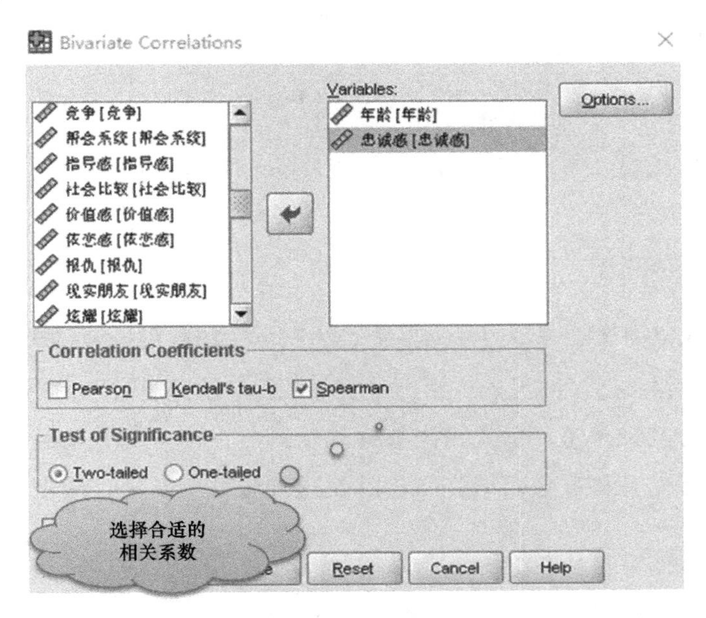

图 12-8　SPSS 中等级相关的操作

如图 12-9 所示，根据 Spearman 相关分析可知，用户年龄与其对产品的忠诚度没有显著相关，计算出来的相关系数只有 0.002、P 值大于 0.05 的显著水平。

Correlations

			年龄	忠诚感
Spearman's rho	年龄	Correlation Coefficient	1.000	.002
		Sig. (2-tailed)	.	.914
		N	3161	3161
	忠诚感	Correlation Coefficient	.002	1.000
		Sig. (2-tailed)	.914	.
		N	3161	3180

图 12-9　等级相关 SPSS 的表格

小例子

SPSS统计软件

SPSS 是“统计产品与服务解决方案”（Statistical Product and Service Solutions）的简称，是 IBM 公司开发的一系列用于统计学分析运算、数据挖掘、预测分析和决策支持任务的软件产品及相关服务。SPSS 和 SAS、BMDP 并称当前最有影响的三大统计软件。SPSS 集数据录入、整理、分析功能于一体，包括数据管理、统计分析、图表分析、输出管理等。SPSS 统计分析的过程包括描述性统计、均值比较、一般线性模型、相关分析、回归分析、对数线性模型、聚类分析、时间序列分析等几大类；同时，提供专门的绘图系统，可以根据数据绘制各种图形。

12.2 研究报告

1．什么是研究报告

研究报告是用户体验人员以书面形式总结用户体验分析的内容和过程，并说明发现的问题和提供相关建议的报告。用户体验分析的目的是通过用户研究和测试，理解他们的行为、态度和想法，最终得出能够优化产品性能、提升产品体验的结论。如果用户体验分析是一种服务，研究报告就是这种服务的产品。用户体验分析流程如图12-10所示。

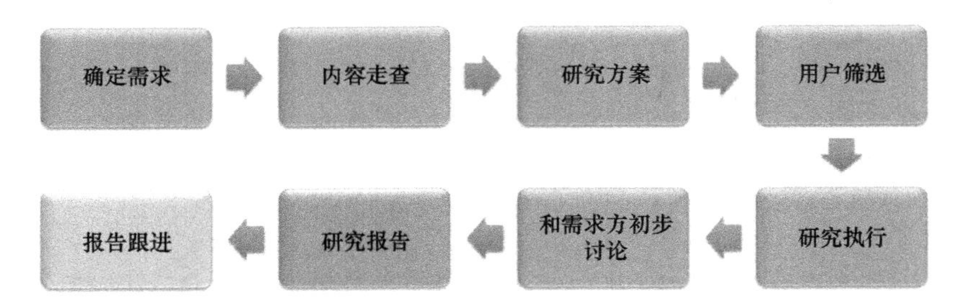

图 12-10　用户体验分析流程

研究报告通过定性和定量研究方法，收集关于用户行为和心理的数据与反馈，包括情绪、喜好、认知印象、生理和心理反应、行为分析等，并与开发团队沟通结果，跟进确保问题被妥善处理，其功能如图12-11所示。研究报告要以反馈用户感受为主，详细介绍研究背景、研究方法、数据分析、发现的问题及建议的解决方案。研究报告是用户体验分析结果的集中呈现，其可读性和质量直接影响整个用户体验分析工作的落实情况。一份好的研究报告能够给设计师和开发人员提供有效的指导，为最终的产品决策提供客观依据。

2．研究报告的结构

用户体验分析的研究报告没有统一的格式。从总体框架上，一份完整的研究报告包含研究背景、研究目的、研究方法、被试抽样、数据收集、结果分析、研究结论7个方面内容，有的报告还需附上相关的附件资料。在实际工作中，常常根据每次用户体验分析的目的、内容、结果和用途等，来灵活地取舍或突出强调其中的几个部分。

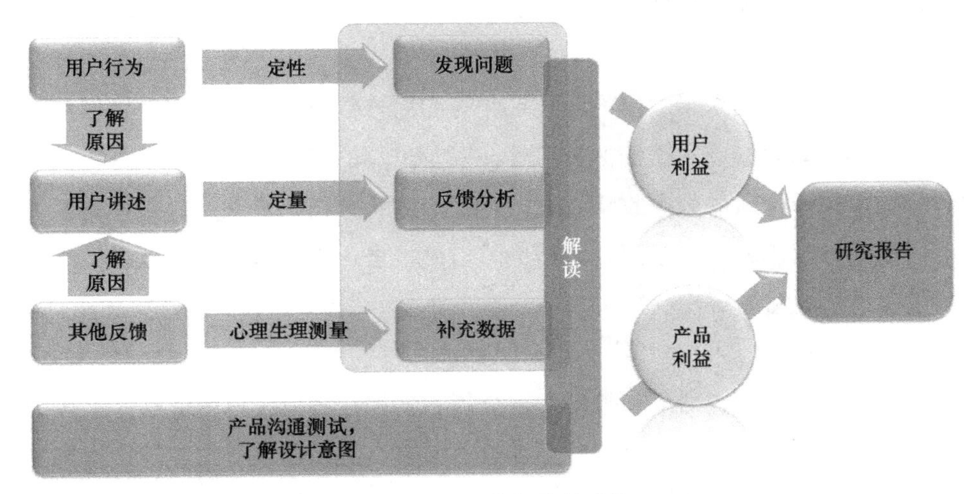

图 12-11　研究报告的功能

（1）研究背景

研究背景主要用于提出要研究的主题，介绍研究的背景、范围及意义，以使他人对报告的内容有一个概括的了解。首先是现有研究的回顾，说明当下的行业背景和产品开发阶段的情况、进行本次用户体验分析的原因及分析方法，简单介绍已有的用户体验分析结果。其次解释现有研究存在的不足和本次研究的必要性，交代研究主题和意义，说明所要解决的新问题。研究的课题可以是产品出现的新情况、新问题，也可以是相关修改和调整的追踪跟进。

（2）研究目的

研究目的用于说明研究要达到的目的、要回答的问题及研究结果的适用范围。研究目的可用于确认产品功能的可用性，了解用户的背景和喜好；也可以挖掘潜在人群对产品的偏好和需求。一次研究的目的不要太分散，否则会导致研究过程中干扰太多，最终解决不了任何问题。

（3）研究方法

研究方法用于解释研究中使用的资料收集方法，包括采用哪种方法进行研究、采用该方法的原因、是定性还是定量研究等。对研究中涉及的变量类型要进行详细的说明，以何种指标作为自变量、何种指标作为因变量，以及各个变量的测量方式和程序。

（4）被试抽样

被试抽样用于解释研究的样本量和抽样过程、选择该类用户群体的原因及代表性，以及是全部取样还是随机取样等。要对研究对象总体和总体的构成情况进行说明，详细介绍具体抽样方法和样本规模。只有研究的取样过程科学有效，所得到的数据才有代表性，研究报告也具有说服力。

（5）数据收集

数据收集用于说明采集数据的经过、作答的用户数量和最后的有效数据；研究所用的测量工具，如问卷或数据挖掘技术等，以及工具的信度和效度。根据目标被试者的不同特征，选择合适的数据收集方式，对用户体验分析的最终结果来说是至关重要的。常用的数据收集方法包括问卷、访谈、口语报告、观察等，还可以积极利用生理心理测量、数据挖掘等新技术。

（6）结果分析

结果分析用于将调查结果和数据进行分析和整理，并以统计图或统计表等方式呈现在报告中。常用的统计表有分类表、频数分布表、累积频率分布表等，常用的统计图有条形图、圆形图、线状图等。对定性和定量资料的分析，要说明实际采用的统计分析方法和使用的统计软件等。

（7）研究结论

研究结论是通过用户体验分析发现的问题、得出的结论及可能的解决方案。针对原来设计的研究目的和研究问题，逐个说明根据用户调查得出的反馈和结论，以及所建议的修改方案。结论不是数据分析结果的简单重复，而是经过综合分析和论证将各种数据资料连贯起来形成自己的论点。研究中所提出的论点和建议，必须建立在所收集和观察的事实基础上，而不是凭空的谈论。

（8）附件

附件是与正文有关的需要附录说明的资料，如调查和抽样方案、问卷、访谈提纲、实验记录和原始数据等。

12.3 问题的跟进

基于用户体验分析的结果，不是所有问题都能得到修改，所以在分析报告中常用问题清单来描述所发现问题的重要度，并跟进相关问题的修改。

1. 问题清单

问题清单描述问题信息、严重程度和修改建议等信息，优先且重点突出所发现的主要问题。

（1）问题模块

问题清单首先按模块划分不同的问题，易于设计师和开发人员分工跟进，如界面问题、配色问题、提示问题等。

（2）问题信息

用户体验分析报告所列出的问题中，首先是问题出现的次数和影响的用户数量，这决定了问题的严重程度和响应的优先等级。其次是特定问题的严重程度，表现在是否阻碍了后续任务的进行及用户的反应程度，如是否有很大的不满和挫败感。最后是该问题是否可以被用户解决和克服，他们对问题的反馈和投诉情况等，如图 12-12 所示。

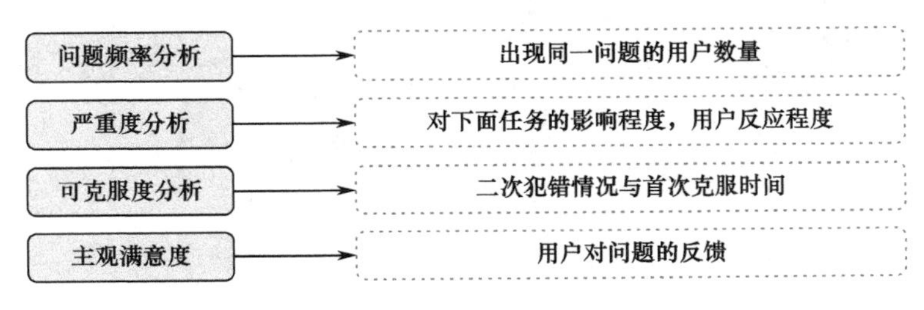

图 12-12　问题信息

（3）问题类型

① 系统 Bug 问题：系统漏洞，与设计师设计意图不符、可复现的问题。

② 必须修改问题：一定要改的问题，影响功能使用、反馈比较多的问题。

③ 推荐修改问题：最好修改，除非开发团队能够提供充足理由。这些是反馈人数较少、影响范围较小的问题，开发和产品团队先评估问题的严重级别和可能原因，再决定是否修改。

④ 建议修改问题：改了更好，但是可以不改，随着产品的后续开发和功能更新可以自动解决。

（4）问题图示

问题图示可以让展示更直观、具体，因此要尽量保留和提供用户问题的截图，特别是对一些操作任务来说。尽量保证图文并茂，形象生动。

（5）问题建议方案

建议方案是从用户体验的角度对出现的问题提出的解决方案，这个不是用户体验分析报告所必需的内容。特别是对一些专业性很强的设计和开发问题，用户体验团队可以提供用户反馈方面的信息，把问题的解决方案最终交给开发团队来确定。

（6）处理方案与跟进

用户体验问题的处理方案与跟进负责人一般由开发团队来提供或指定，用户体验部门可以继续追踪问题的解决情况或者安排解决方案的迭代测试，如图12-13所示。

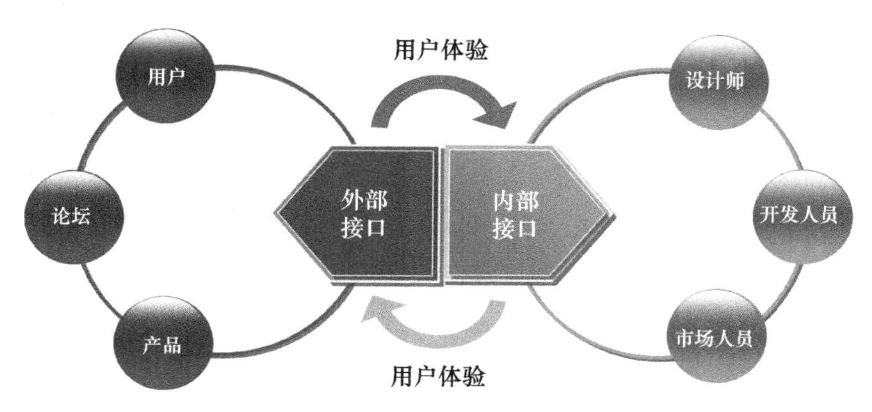

图12-13　处理方案与跟进

2．报告讲解与跟进

研究报告写作和提交后，用户体验人员需要推广和跟进所发现的问题，对产品团队讲解研究结果并跟进问题的修改情况。

（1）报告讲解

用户体验分析的目标不是停留在发现问题上，而是促进产品质量的提升。用户体验分析最终要帮助开发团队做出决策，这就需要不断与开发团队进行交流，以收集团队的需求、评估设计决策和改善团队的判断力。面向产品的设计、开发、运营和市场团队，用户体验人员可以组织一次面对面地报告讲解，将发现的问题呈现给产品相关人员。

在实际工作中，用户体验人员将设计想法在真实用户中进行测试，然后把用户感受反馈给开发团队，多次重复这两个步骤，直到大家都满意为止，如图12-14所示。报告讲解过程也是收集开发团队意见的重要机会，用户体验人员可以积极参与修改和设计的讨论，询问产品团队对所反馈问题的想法，从而继续进行问题的追踪分析。

（2）报告跟进

用户体验人员提交研究报告后，用户体验分析的工作并没有结束，还要继续跟进设计师对意见的回复，必要时组织迭代测试验证修改效果，如图12-15所示。可以通过邮件进行跟进，提交研究报告邮件时让相应负责人对处理意见进行回复，反馈关于问题的修改设想。还可以通过公司内部的网络办公系统，如办公自动化（Office Automation，OA）系统，把问题一条一条输入系统中，还可以将必要的问题登记到核心问题库中。

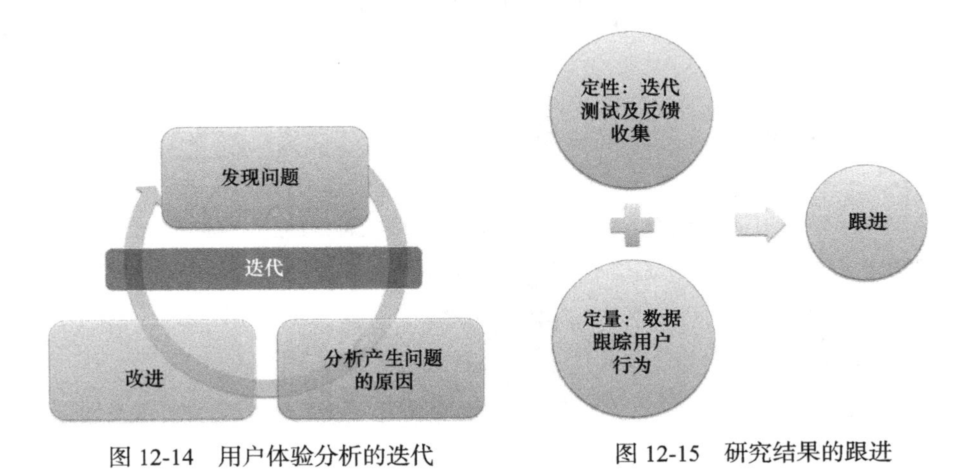

图 12-14　用户体验分析的迭代

图 12-15　研究结果的跟进

12.4　练习题

选择一次用户体验分析中定量研究的数据，如问卷调查或实验的结果，选择其中两个变量，用相关分析统计不同变量之间是否存在显著的关联，如年龄与用户评价、收入水平与产品购买情况等。对数据分析的结果，用统计表和统计图的形式进行整理和呈现，组织一次讲解。

知识要点提示：

- 不同分析方法的适用范围；
- 报告分析结果。

参考文献

[1] 胡飞，冯梓昱，刘典财，等. 用户体验设计再研究：从概念到方法[J]. 包装工程，2020，41(16)：51-63.

[2] 陈妍. 用研跨界：线上融合线下，从体验走到商业[R]. 第八届IXDC国际体验设计大会，2017.

[3] 伊丽莎白·古德曼，迈克·库涅雅夫斯基，安德莉亚·莫伊德. 洞察用户体验：方法与实践（第2版）[M]. 刘吉昆，译. 北京：清华大学出版社，2015.

[4] 阿尔文·托夫勒. 未来的冲击[M]. 北京：中信出版社，2006.

[5] Pine B J, Gilmore J.Welcome to the experience economy[J]. Harvard Business Review, 1998, July-August：98-105.

[6] 江林. 消费者行为学[M]. 北京：科学出版社，2007.

[7] 约瑟夫·派恩二世，詹姆斯·吉尔摩. 体验经济[M]. 夏业良，鲁炜，译. 北京：机械工业出版社，2008.

[8] 亚伯拉罕·马斯洛. 动机与人格[M]. 许金声，译. 北京：中国人民大学出版社，2007.

[9] 米哈里·契克森米哈里. 心流：最优体验心理学[M]. 张定绮，译. 北京：中信出版社，2017.

[10] 唐纳德·诺曼. 设计心理学[M]. 梅琼，译. 北京：中信出版社，2003.

[11] 胡昌平，邓胜利. 基于用户体验的网站信息构建要素与模型分析[J]. 情报科学，2006，(03)：321-325.

[12] 林涛，吴芝明，华礼娴，等.基于卡片分类法的校园门户网站信息架构改进[J].实验技术与管理，2015，32(10)：136-138.

[13] Tullis T, Wood L. How many users are enough for a card-sorting study[A]. Proceedings of Usability Professionals Association, 2004.

[14] Ivonin L, Chang H M, Chen W, et al. Automatic Recognition of the Unconscious Reactions from Physiological Signals[A]. In International Conference on Human Factors in Computing and Informatics, 2013.